Mathe-Basics zum Studienbeginn

## Mathematik von Albrecht Beutelspacher

**Das ist o. b. d. A. trivial!**
Von A. Beutelspacher

**Diskrete Mathematik für Einsteiger**
Von A. Beutelspacher und M.-A. Zschiegner

**„In Mathe war ich immer schlecht ...“**
Von A. Beutelspacher

**Kryptographie in Theorie und Praxis**
Von A. Beutelspacher, H.G. Neumann und Th. Schwarzpaul

**Kryptologie**
Von A. Beutelspacher

**Lineare Algebra**
Von A. Beutelspacher

**Mathe-Basics zum Studienbeginn**
Von A. Beutelspacher

**Moderne Verfahren der Kryptographie**
Von A. Beutelspacher, J. Schwenk und K.-D. Wolfenstetter

**Zahlen, Formeln, Gleichungen (in Vorbereitung)**
Von A. Beutelspacher

Albrecht Beutelspacher

# Mathe-Basics zum Studienbeginn

## Survival-Kit Mathematik

2., überarbeitete Auflage 2016

Albrecht Beutelspacher
Justus-Liebig-Universität
Gießen, Deutschland

ISBN 978-3-658-14647-4 ISBN 978-3-658-14648-1 (eBook)
DOI 10.1007/978-3-658-14648-1

Die Deutsche Nationalbibliothek verzeichnet diese Publikation in der Deutschen Nationalbibliografie; detaillierte bibliografische Daten sind im Internet über http://dnb.d-nb.de abrufbar.

Springer Spektrum


Planung: Ulrike Schmickler-Hirzebruch

Layout und Textgestaltung: Ivonne Eling, Köln

Illustrationen: Stefan Eling, Köln

Gedruckt auf säurefreiem und chlorfrei gebleichtem Papier

Springer Spektrum ist Teil von Springer Nature
Die eingetragene Gesellschaft ist Springer Fachmedien Wiesbaden GmbH

# Vorwort zur 2. Auflage

Zu Beginn des Mathe-Studiums haben die meisten Studierenden Schwierigkeiten. Und zwar nicht zu knapp. Das ging mir nicht anders.

Inzwischen habe ich sehr viele Studierende zu Beginn ihres Studiums erlebt, viele durch das Studium begleitet und am Ende geprüft. Und obwohl ich mir in den Vorlesungen Mühe gebe, die Inhalte verständlich zu gestalten, obwohl ich neue Methoden ausprobiere, obwohl ich mir immer aufs Neue überlege, wie man die Veranstaltungen noch besser gestalten könnte, zeigt sich doch immer wieder, vor allem in den Prüfungen, dass nicht alles so ankommt, wie ich mir das vorgestellt habe.

Dieses Buch hat das klare Ziel, den Studierenden im ersten Semester zu helfen. Es soll dazu beitragen, die Schwierigkeiten beim Übergang von der Schule zur Universität zu bewältigen. Seine Aufgabe ist es, den Studierenden zu helfen, in der Mathematik anzukommen. Es enthält die Mathe-Basics, die zu Beginn des Studiums besonders wichtig sind.

Die Botschaft dieses Buches ist nicht „Alles ist easy“ oder „Mach Dir keine Sorgen“, es ist kein Ausdruck von Kuschelpädagogik. Aber es sagt: „Du kannst die Schwierigkeiten schaffen!“.

Das Buch hat einen radikalen Ansatz: Es wird nicht lange drum rum geredet: Wir gehen genau dahin, wo es weh tut. Ohne große Motivation, ohne sanfte Hinführung, ohne Einbettung in das große theoretische Konzept. Nein: Es geht direkt zur Sache. Es soll dabei helfen, die ersten Semester mathematisch zu überleben. Insofern ist es tatsächlich ein Survival-Kit.

Was ist dieses Buch *nicht*?

Es ist *kein Lehrbuch*. Der Stoff wird auch nicht annähernd vollständig präsentiert, sondern es werden einzelne „kritische“ Stellen klar herausgestellt. Das Buch ersetzt nicht das gründliche Durcharbeiten eines Lehrbuchs oder eines Vorlesungsskripts.

Das Buch ist *kein systematischer Kurs*. Zwar baut im Großen und Ganzen ein Teil auf dem anderen auf, aber wir werden schon zu Beginn Beispiele verwenden, die „eigentlich“ erst später dran sind.

Das Buch ist *kein Mathe für Dummies*. Denn zum einen ist jede Seite eine echte Herausforderung, der man sich stellen muss, und zum anderen ist Mathe sowieso nichts für Dummies.

Jedes Kapitel ist durch einen Gegenstand aus einem „Survival-Kit“ symbolisiert: Die *Logik* ist der geistige Kompass, *Mengen* fassen Gegenstände zusammen wie ein Rucksack, der Notarztwagen ist durch *Zahlen* gekennzeichnet, bei *Relationen* wird Zusammengehöriges zusammengeführt, wie etwa rechte und linke Handschuhe, *Abbildungen* setzen auch verschiedenartige Dinge in Beziehung und bei einem *Tupel* geht es um eine feste Reihenfolge wie in einem Logbuch. Bei einer *Matrix* hat jedes Objekt seinen Platz, die Elemente einer *Gruppe* können ein Objekt wie etwa einen Rettungsring so bewegen, dass er in jeder Lage gleich aussieht, *Vektoren* sind durch Pfeile dargestellt, *Polynome* entsprechen einer Anzahl von gleichmäßig angeordneten Objekten wie etwa den Knoten einer Schnur, bei *Folgen und Reihen* sieht man mit einem Fernrohr bis in die Unendlichkeit und *Funktionen* können Skalen miteinander in Verbindung bringen.

Das Buch besteht aus Doppelseiten. Die *rechte* Seite enthält Aufgaben, Übungen und nützliche Informationen. Sie dient dazu, das, was auf der *linken* Seite steht, zu vertiefen.

Auf der *linken* Seite steht das Eigentliche. Dort wird jeweils ein Begriff, eine Aussage, eine Formel o.ä. ins Visier genommen. Bei der Arbeit an diesem Buch haben sich zwei Typen von „linken Seiten" ergeben:

Typ 1: Auf der Seite ist eine Formel oder eine Aussage zentral zu sehen. Mit Pfeilen und „Sprechblasen" wird auf die einzelnen Bestandteile der Formel hingewiesen und diese so direkt wie möglich erklärt.

Typ 2: Auf der Seite stehen viele Aussagen, die einen Begriff (z.B. Konvergenz) beschreiben. Keine der Aussagen ist falsch; in jeder steckt jedenfalls das Potential für eine richtige Antwort. Die erste Aussage ist jeweils noch ungenau, vage, „anschaulich", aber dann geht es schrittweise weiter, bis am Ende die Beschreibung in präziser „mathematischer Sprache" steht. Dazwischen wird jeweils erklärt, worin der Fortschritt der jeweiligen Formulierung gegenüber der vorhergehenden besteht. Damit ist das Buch auch eine Schule für mathematische Sprache, in der man lernen kann, mit welcher Präzision wir Menschen komplexe Gedanken ausdrücken können.

Das Buch konzentriert sich auf Begriffe, Sätze und Formeln. Es unterscheidet sich auch dadurch von den meisten anderen Mathematikbüchern, dass es nur wenige Beweise enthält.

Das Buch ist zunächst für Studierende gedacht, die in den ersten Semestern Mathematikvorlesungen hören, also Mathematiker, Informatiker, Physiker und so weiter. Es ist aber auch für interessierte Schülerinnen und Schüler eines Mathematik-Leistungskurses nützlich, wenn sie sich auf die Universitätsmathematik einstimmen wollen.

Ich habe vielen Menschen zu danken. Zuerst meinen Studierenden, und zwar insbesondere denen, die mich nicht verstanden haben. Durch ihre Fragen, öfters durch ihr Schweigen, und manchmal sogar durch mangelhafte Antworten in den Prüfungen haben sie mir gezeigt, dass trotz meiner Bemühungen an vielen Stellen, bei denen ich dachte, alles sei klar, sie nur wenig wirklich verstanden hatten.

Sodann danke ich vier Frauen: Ute Rosenbaum und Laila Samuel haben das Manuskript in verschiedenen Stadien gelesen und mir wertvolle Hinweise gegeben. Meine Lektorin, Frau Schmickler-Hirzebruch, hat das Projekt von Anfang an engagiert und enthusiastisch unterstützt und mit unvorstellbarer Geduld bis zum Ende begleitet.

Ganz besonders glücklich bin ich, dass wir Frau Ivonne Eling als Grafikerin für dieses Buch gefunden haben. Sie hat alle Vorschläge kreativ und kompetent umgesetzt. Es war eine Freude, mit ihr zusammenzuarbeiten.

Bei dieser Neuauflage wurde der Text sorgfältig überarbeitet und in vielen Details verbessert. Leserinnen und Leser finden die Lösungen zu den Übungsaufgaben im Internet auf der Produktseite des Buches unter springer.com .

Ich hoffe sehr, dass Ihnen, liebe Leserin, lieber Leser, dieses Buch nützt. Wenn Sie an anderen Stellen Schwierigkeiten haben, wenn Sie weitere Begriffe des ersten Semesters erklärt haben wollen, schreiben Sie mir doch. Hier ist meine Adresse:
albrecht.beutelspacher@mathematikum.de .

# Inhaltsverzeichnis

# 1 Logik

# 1.1 oder

Aussagen. Eine *Aussage* ist wahr oder falsch. Aussagen sind also zum Beispiel „Mein Hut, der hat drei Ecken“, „5 + 3 = 8“, „2 + 2 = 6“.

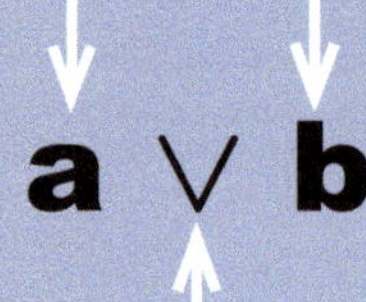


Das Zeichen für das logische Oder. Durch das Zeichen $\vee$ werden die beiden Einzelaussagen $a$ und $b$ zu der neuen Aussage $a \vee b$ zusammengesetzt. Man legt fest, unter welchen Umständen die Aussage $a \vee b$ wahr, und wann sie falsch ist. Bei der *Oder*-Verbindung ist es so: $a \vee b$ ist genau dann wahr, wenn mindestens eine der Aussagen $a$ oder $b$ wahr ist. Die Aussage $a \vee b$ ist also wahr, falls eine der Aussagen $a, b$ wahr und die andere falsch ist oder wenn beide wahr sind. Zum Beispiel ist die zusammengesetzte Aussage „2 + 2 = 4 oder 2 + 2 = 5“ wahr.

Man nennt die Aussage $a \vee b$ auch die *Disjunktion* der Aussagen $a$ und $b$.

Man kann die Verknüpfung $\vee$ durch eine *Wahrheitstafel* definieren. Dabei wird für jede Kombination der Wahrheitswerte von $a$ und $b$ angegeben, wann die zusammengesetzte Aussage $a \vee b$ wahr und wann sie falsch ist:

| a | b | $a \vee b$ |
|---|---|---|
| w | w | w |
| w | f | w |
| f | w | w |
| f | f | f |

## Aufgaben, Tests, Herausforderungen

1. **Stellen Sie eine Wahrheitstafel für $(a \vee b) \vee c$ und eine für $a \vee (b \vee c)$ auf. Gilt das Assoziativgesetz? (Es gilt genau dann, wenn die beiden Ausdrücke für die gleichen Belegungen der Aussagen $a$, $b$, $c$ mit Wahrheitswerten wahr sind.)**

2. **Das logische *Und* wird so definiert: Die Aussage $a \wedge b$ („a und b") ist genau dann wahr, wenn sowohl $a$ und $b$ wahr sind.**
   **Man nennt $a \wedge b$ die *Konjunktion* der Aussagen $a$ und $b$.**
   **Stellen Sie eine Wahrheitstafel für $a \wedge b$ auf.**

3. **Ist die Verknüpfung $\wedge$ assoziativ?**

4. **Zeigen Sie das folgende „Distributivgesetz": $a \wedge (b \vee c) = (a \wedge b) \vee (a \wedge c)$, indem Sie zeigen, dass die linke Seite genau dann wahr ist, wenn die rechte Seite wahr ist.**

5. **Formulieren und beweisen Sie das andere Distributivgesetz!**

*Bemerkung*: Um die Zeichen $\wedge$ und $\vee$ richtig zuordnen zu können, hilft folgende Eselsbrücke: Das Zeichen $\wedge$ für „und" ist ***u**nten* offen, während das Zeichen $\vee$ für „oder" ***o**ben* offen ist.

# 1.2 Negation

*Negation* der Aussage $a$ („nicht-a").
Die Aussage $\overline{a}$ ist genau dann wahr, wenn $a$ falsch ist.

Eine Negation kann man durch eine einfache Wahrheitstafel definieren:

| $a$ | $\overline{a}$ |
|---|---|
| w | f |
| f | w |

Damit kann man erste Erkenntnisse herleiten: Zum Beispiel ist die Aussage $a \vee \overline{a}$ stets wahr. Denn wenn $a$ wahr ist, ist $a \vee \overline{a}$ wahr, weil es sich um eine Oder-Aussage handelt, die die wahre Aussage $a$ enthält. Wenn aber $a$ falsch ist, dann ist $\overline{a}$ wahr, und also auch $a \vee \overline{a}$.

Andererseits ist die Aussage $a \wedge \overline{a}$ nie wahr. Denn damit eine Und-Aussage wahr ist, müssen beide Teilaussagen wahr sein; $a$ und $\overline{a}$ können aber nach Definition nicht gleichzeitig wahr sein.

Diese beiden Aussagen kann man so zusammenfassen: Es gilt entweder $a$ oder nicht-a; es gibt keine weitere Möglichkeit. Diese Erkenntnis haben die alten Logiker durch die lateinische Formulierung *tertium non datur* („etwas Drittes gibt es nicht") ausgedrückt.

## Aufgaben, Tests, Herausforderungen

**1. Stellen Sie die Wahrheitstafeln für $a \vee \overline{a}$ und für $a \wedge \overline{a}$ auf und beweisen Sie damit formal die Aussagen der vorigen Seite.**

**2 Richtig oder falsch? Für jede Aussage $a$ gilt:**

- ☐ a ist wahr
- ☐ $\overline{a}$ ist falsch
- ☐ Genau eine der Aussagen a, $\overline{a}$ ist wahr.
- ☐ Es kann sein, dass $a$ und $\overline{a}$ wahr sind.

*Bemerkung:* Für die Negation einer Aussage gibt es eine Reihe von Bezeichnungen. Man findet häufig auch $\neg a$ für $\overline{a}$.

# 1.3 wenn, dann

Die *Folgerung* oder *Behauptung*. Früher auch *Konklusion* genannt. Manche nennen das die Aussage des Satzes. Das ist aber falsch. Die Aussage ist die gesamte Implikation $a \Rightarrow b$.

Die *Voraussetzung*. Manchmal auch *Prämisse* genannt.

Die *Implikation*, der Folgepfeil. Dieser setzt die Voraussetzung mit der Behauptung in Verbindung. Insgesamt entsteht eine neue Aussage. Man spricht „a impliziert b" oder „b folgt aus a" oder einfach „wenn a, dann b". Die *Implikation* kann durch eine Wahrheitstafel definiert werden:

| a | b | $a \Rightarrow b$ |
|---|---|---|
| w | w | w |
| w | f | f |
| f | w | w |
| f | f | w |

Das auf den ersten Blick Erstaunliche ist, dass die Implikation $a \Rightarrow b$ bestimmt dann richtig ist, wenn $a$ falsch ist.

Die alten Logiker haben das lateinisch ausgedrückt: *Ex falso quodlibet* („aus einer falschen Aussage kann man alles folgern").

Man darf die Implikation nicht mit der *Äquivalenz*, also dem Doppelpfeil verwechseln. Dieser sagt „genau dann, wenn" oder „dann und nur dann, wenn" und ist durch folgende Wahrheitstafel definiert:

| a | b | $a \Leftrightarrow b$ |
|---|---|---|
| w | w | w |
| w | f | f |
| f | w | f |
| f | f | w |

Das heißt, „$a \Leftrightarrow b$" ist genau dann wahr, wenn die Aussagen $a$ und $b$ entweder beide wahr oder beide falsch sind.

## Aufgaben, Tests, Herausforderungen

1. **Richtig oder falsch? Wenn $a \Rightarrow b$ wahr ist, dann sind auch folgende Aussagen wahr:**

- ☐ $a$
- ☐ $b$
- ☐ $a \vee b$
- ☐ $a \Leftrightarrow b$
- ☐ $b \Rightarrow a$

2. **Überprüfen Sie mit Hilfe von Wahrheitstafeln, unter welchen Umständen die Implikationen „$(a \Rightarrow b) \Rightarrow a$" und „$(a \Rightarrow b) \Rightarrow b$" wahr sind.**

3. **Zeigen Sie: „$a \Rightarrow b$" ist genau dann wahr, wenn „$\overline{a} \vee b$" wahr ist. Man könnte also die Implikation „$a \Rightarrow b$" auch definieren durch „$a \Rightarrow b$" genau dann, wenn „$\overline{a} \vee b$".**

Dem großen Logiker *Bertrand Russell* (1872–1970) soll einmal folgende Aufgabe gestellt worden sein: „Wenn aus einer falschen Aussage alles folgt, dann beweisen Sie doch mal, dass aus 2 = 1 folgt, dass Sie der Papst sind!"

„Nichts leichter als das", entgegnete Russell. „Der Papst und ich sind zwei verschiedene Personen. Da 2 = 1 ist, handelt es sich nur um eine Person. Also sind der Papst und ich ein und dieselbe Person. Also bin ich der Papst."

# 1.4 Kontraposition

Wichtig ist die andere Reihenfolge von a und b. Man muss die „Kontraposition" genau von der „Umkehrung" unterscheiden: Die *Kontraposition* ist „$\overline{b} \Rightarrow \overline{a}$", die *Umkehrung* ist „$b \Rightarrow a$". Die Kontraposition folgt aus „$a \Rightarrow b$", die Umkehrung im Allgemeinen nicht!

Diese Implikation ist äquivalent (das heißt: gleichwertig) zu der Implikation „$a \Rightarrow b$". Statt „$a \Rightarrow b$" kann man genau so gut „$\overline{b} \Rightarrow \overline{a}$" beweisen.

$$\overline{b} \Rightarrow \overline{a}$$

Bei der Kontraposition verändert sich zweierlei:
Die Reihenfolge wird umgekehrt und die Aussagen werden negiert.

Zwei Beispiele:
1. Die Implikation „Wenn es regnet, ist die Straße nass" hat als Kontraposition „wenn die Straße nicht nass ist, regnet es nicht" (was unter der Voraussetzung der ersten Aussage richtig ist), und als Umkehrung „wenn die Straße nass ist, regnet es" (was nicht richtig ist, denn die Straße kann aus vielerlei Gründen nass sein).
2. Sei $\Delta$ ein Dreieck. Die Aussage „wenn $\Delta$ rechtwinklig ist, dann gilt $a^2 + b^2 = c^2$" hat als Kontraposition „wenn $a^2 + b^2 \neq c^2$ ist, dann ist $\Delta$ nicht rechtwinklig" und als Umkehrung „wenn $a^2 + b^2 = c^2$ gilt, dann ist $\Delta$ rechtwinklig".

## Aufgaben, Tests, Herausforderungen

1. **Zeigen Sie mit Hilfe von Wahrheitstafeln, dass die Aussage $a \Rightarrow b$ genau dann wahr ist, wenn $\overline{b} \Rightarrow \overline{a}$ wahr ist.**

2. **Seien P und Q zwei Punkte der Ebene, und sei h das Mittellot (Mittelsenkrechte) von P und Q. Der Mittellotsatz sagt: „Wenn ein Punkt X auf h liegt, dann hat X den gleichen Abstand zu P und Q". Welcher der folgenden Sätze ist die Kontraposition, welcher die Umkehrung des Mittellotsatzes?**

   a) Wenn X nicht den gleichen Abstand zu P und Q hat, dann liegt X nicht auf h.

   b) Wenn X den gleichen Abstand zu P und Q hat, dann liegt X auf h.

3. **Sei p/q eine Bruchzahl, die maximal gekürzt ist, d.h. ggT(p, q) = 1. Welche der Aussagen (b), (c) ist die Kontraposition von (a)? Welche ist die Umkehrung? Welche Aussagen sind richtig?**

   a) Wenn $q = 10^k$, dann ist p/q ein abbrechender Dezimalbruch.

   b) Wenn p/q kein abbrechender Dezimalbruch ist, dann ist $q \neq 10^k$.

   c) Wenn p/q ein abbrechender Dezimalbruch ist, dann ist $q = 10^k$.

# 1.5 De Morgansche Gesetze

Das Gleichheitszeichen bedeutet, dass die Aussage auf der linken Seite genau dann wahr ist, wenn die Aussage auf der rechten Seite wahr ist. Das kann man auf mindestens zwei Arten beweisen. (a) Durch scharfes Nachdenken: Die Aussage $\overline{a} \wedge \overline{b}$ ist genau dann richtig, wenn sowohl $\overline{a}$ als auch $\overline{b}$ wahr sind, also genau dann, wenn $a$ und $b$ falsch sind. Auf der anderen Seite ist die Aussage $\overline{a \vee b}$ genau dann richtig, wenn $a \vee b$ falsch ist. Dies ist genau dann der Fall, wenn beide Aussagen $a$ und $b$ falsch sind. Also ist tatsächlich die linke Aussage genau dann wahr, wenn die rechte wahr ist. Zugegeben, das ist schwierig. Im Grunde das Gleiche, aber viel einfacher ist (b) das Aufstellen einer Wahrheitstafel.

Negation. Eine Aussage $\overline{a}$ ist genau dann wahr, wenn $a$ falsch ist.

$$\overline{a} \wedge \overline{b} = \overline{a \vee b}$$

Logisches „und“. Damit werden zwei Aussagen $a$ und $b$ verbunden; $a \wedge b$ ist genau dann wahr, wenn sowohl $a$ als auch $b$ wahr ist.

Logisches „oder“. Damit werden zwei Aussagen $a$ und $b$ verbunden; $a \vee b$ ist genau dann wahr, wenn mindestens eine der Aussagen $a$ oder $b$ wahr ist.

## Aufgaben, Tests, Herausforderungen

1. **Zeigen Sie das de Morgansche Gesetz durch Aufstellen einer Wahrheitstafel.**

2. **Es gibt ein zweites de Morgansches Gesetz. Seine linke Seite lautet:** $\bar{a} \vee \bar{b}$.

   a) Wie heißt die rechte Seite?

   b) Machen Sie sich dieses Gesetz durch „scharfes Nachdenken" klar.

   c) Beweisen Sie es durch Aufstellen einer Wahrheitstafel.

*Bemerkung*: Augustus de Morgan (1806–1871) war ein englischer Mathematiker. Er war zusammen mit George Boole der Begründer der formalen Logik.

# 1.6 Es gibt

$$\exists\, x: f(x)$$

Der so genannte *Existenzquantor*. Gesprochen wird dieser „es gibt" oder „es existiert". Eine außerordentlich wichtige mathematische Funktion, denn zum einen muss man in den Axiomen fordern, dass etwas existiert, wenn man nicht nur über die leere Menge reden möchte. Zum zweiten ist die Aussage vieler Sätze eine Existenzaussage.

Man kann die Menge $X$ der $x$, die überhaupt betrachtet werden, auch präzisieren, indem man schreibt: $\exists\, x \in X: f(x)$.

Insgesamt wird die Aussage so gelesen: „Es gibt ein $x$, so dass $f(x)$ gilt" oder „es gibt ein $x$ mit der Eigenschaft $f$".

Man kann jede Existenzaussage als eine lange Oder-Aussage ansehen. Wenn die Menge $X$ aus den Elementen $x_1, x_2, x_3, \ldots$ besteht, dann ist die Aussage „$\exists\, x \in X: f(x)$" nichts anderes als die Aussage „$f(x_1) \vee f(x_2) \vee f(x_3) \vee \ldots$" („es gilt $f(x_1)$ oder $f(x_2)$ oder $f(x_3)$ oder …").

Eine Eigenschaft. Die Aussage bezieht sich nicht darauf, dass irgendein $x$ existiert, sondern ein $x$ mit der Eigenschaft $f$.

## Aufgaben, Tests, Herausforderungen

1. **In den folgenden Aussagen ist jeweils eine Existenzaussage verborgen. Drücken Sie die Aussagen so aus, dass die Existenzaussage deutlich wird.**
   - Jedes reelle Polynom ungeraden Grades hat eine Nullstelle.
   - 1001 ist eine zusammengesetzte Zahl.
   - Für geeignetes $x$ ist $\ln(x) > 10$.
   - Wir können eine natürliche Zahl finden, die von genau 12 Zahlen geteilt wird.
   - Einige natürliche Zahlen haben mehr als zwei Teiler.

2. **Decodieren Sie die folgenden Aussagen, indem Sie sie in Umgangssprache übersetzen:**

   $\exists\, r \in \mathbf{Z}: r^2 > 1000$

   $\exists\, r \in \mathbf{R}: r^2 < ½$

   $\exists$ p, p prim: p teilt 851

   $\exists\, r \in \mathbf{R}: 10^r = 5$

3. **Existenzaussagen spielen bei den Axiomen eine wichtige Rolle. Beispiele:**
   - In der Menge **Z** der ganzen Zahlen gibt es ein *neutrales* Element bezüglich der Addition (nämlich die Zahl 0).
   - In der Menge **Z** der ganzen Zahlen gibt es zu jeder Zahl $z$ eine *inverse Zahl* bezüglich der Addition (nämlich die Zahl $-z$, für die gilt $z + (-z) = 0$.

   **Formulieren Sie entsprechende Existenzaussagen für Addition und Multiplikation in Z, Q und R.**

4. **Die Negation einer Existenzaussage ist eine All-Aussage: Die Negation von „Es gibt ein Schneckenhaus, das gegen den Uhrzeigersinn gedreht ist" ist „jedes Schneckenhaus ist im Uhrzeigersinn gedreht". Formal:** $\overline{\exists\, \mathbf{x} : \mathbf{f(x)}} = \forall \mathbf{x} : \overline{\mathbf{f(x)}}$.
   **Negieren Sie die folgenden Aussagen:**
   - Es gibt eine gerade Primzahl > 2.
   - Es gibt ganze Zahlen $m$ und $n$ mit $\sqrt{2} = m/n$.
   - Bei der Kreiszahl $\pi$ gibt es eine Stelle, ab der nur noch Nullen kommen.
   - Es gibt ein Dreieck mit zwei rechten Winkeln.

# 1.7 Für alle

Der so genannte *Allquantor*. Gesprochen wird dieser „für alle“ oder „für jedes“. Ein außerordentlich wichtiges Zeichen, denn die meisten Sätze der Mathematik machen Aussagen über alle Objekte einer – in der Regel unendlichen – Menge: Alle natürlichen Zahlen, alle rechtwinkligen Dreiecke, alle stetigen Funktionen und so weiter.

Man kann die Menge $X$ der $x$, die überhaupt betrachtet werden, auch präzisieren, indem man schreibt: $\forall x \in X: f(x)$.

Insgesamt wird die Aussage so gelesen: „Für alle $x$ gilt $f(x)$“ oder „alle $x$ haben die Eigenschaft $f$“.

Man kann jede Allaussage als eine lange Und-Aussage ansehen. Wenn die Menge $X$ aus den Elementen $x_1, x_2, x_3, \ldots$ besteht, dann ist die Aussage „$\forall x \in X: f(x)$“ nichts anderes als die Aussage „$f(x_1) \wedge f(x_2) \wedge f(x_3) \wedge \ldots$“ („es gilt $f(x_1)$ und $f(x_2)$ und $f(x_3)$ und …“).

Eine Eigenschaft. Die Aussage bezieht sich nicht darauf, dass die Eigenschaft $f$ für ein oder einige $x$ gilt, sondern für alle $x$.

## Aufgaben, Tests, Herausforderungen

1. **In den folgenden Aussagen ist jeweils eine Allaussage verborgen. Drücken Sie die Aussagen so aus, dass die Allaussage deutlich wird.**
   - Eine Zahl mit gerader Endziffer ist gerade.
   - Der Winkel im Halbkreis ist ein rechter.
   - Die Mittelsenkrechten eines Dreiecks schneiden sich in einem gemeinsamen Punkt.
   - Je zwei nichtparallele Geraden schneiden sich in genau einem Punkt.
   - Eine natürliche Zahl, die von 1 verschieden ist, hat mindestens zwei Teiler.
   - Eine Reihe, die dem Quotientenkriterium genügt, ist konvergent.
   - Eine beschränkte Folge hat eine konvergente Teilfolge.
   - Ein rechtwinkliges Dreieck erfüllt den Satz von Pythagoras.
   - Die Punkte auf der Mittelsenkrechten einer Strecke AB haben den gleichen Abstand zu A und B.

2. **Decodieren Sie die folgenden Aussagen, indem Sie sie in Umgangssprache übersetzen:**

   $\forall$ p, p prim, $p > 2$: $p + 2$ ist ungerade.

   $\forall$ n, n gerade Quadratzahl: n ist durch 4 teilbar.

   $\forall$ n, n ungerade Quadratzahl: $n-1$ ist durch 8 teilbar.

   $\forall \Delta$ Dreieck mit Seitenlängen a, b, c : $c < a + b$.

3. **Allaussagen spielen in der Mathematik eine wichtige Rolle, insbesondere bei der Formulierung von Axiomen. Beispiele:**
   - Kommutativgesetz in ($\mathbf{Z}$, +): Für alle $a, b \in \mathbf{Z}$ gilt: $a+b = b+a$
   - Assoziativgesetz in ($\mathbf{Z}$, +): Für alle $a, b, c \in \mathbf{Z}$ gilt: $a+(b+c) = (a+b)+c$

   **Formulieren Sie die Kommutativ- und Assoziativgesetze in Z, Q und R bezüglich Addition und Multiplikation. Formulieren Sie die Distributivgesetze in diesen Strukturen.**

4. **Die Negation einer Allaussage ist eine Existenzaussage: Die Negation von „Alle Schwäne sind weiß“ ist „Es gibt einen Schwan, der nicht weiß ist“.**

   **Formal:** $\overline{\forall \mathbf{x} : \mathbf{f(x)}} = \exists \mathbf{x} : \overline{\mathbf{f(x)}}$. **Negieren Sie die folgenden Aussagen:**
   - Jede natürliche Zahl hat mindestens zwei Teiler.
   - Jede Primzahl ist ungerade.
   - Alle Nachkommastellen von $\pi$ sind ungleich Null.
   - Man kann 1 durch jede natürliche Zahl teilen.

# 1.8 Für alle gibt es

Typischer mathematischer Satz.
Es wird eine Aussage gemacht über alle Objekte eines gewissen Bereichs. Meistens sind das unendlich viele Objekte, hier zum Beispiel alle natürliche Zahlen.

Dieses Objekt hängt von n ab. Man könnte daher auch schreiben p(n).

$$\forall n \in \mathbf{N} \; \exists p \;\; \text{prim}: p \;\; \text{teilt} \;\; n$$

Dies ist die eigentliche Aussage:
Jedes Objekt (hier jedes $n \in \mathbf{N}$)
hat etwas Spezifisches.

Die allgemeine Form dieser Aussage heißt: $\forall x \, \exists y: f(y)$
(„für jedes x existiert ein y mit der Eigenschaft f“).

## Aufgaben, Tests, Herausforderungen

1. **Übersetzen Sie folgende Aussagen in formale ∀∃-Aussagen.**
   - Jeder Kreis hat einen Mittelpunkt.
   - Parabeln haben einen Brennpunkt.
   - Die Mittelsenkrechten eines Dreiecks schneiden sich in einem Punkt.
   - Jede gerade Zahl $n > 2$ ist Summe von zwei Primzahlen.
   - Jede natürliche Zahl $> 1$ ist ein Produkt von Primzahlen.
   - Jede Gerade hat eine Steigung.
   - Jeder Kreis hat einen Mittelpunkt.
   - Eine rationale Zahl besteht aus Zähler und Nenner.
   - Jede nichtleere Menge natürlicher Zahlen hat ein kleinstes Element.

2. **Drücken Sie folgende Aussagen „umgangssprachlich" aus:**

   $\forall\, n \in \mathbf{N}\ \exists\, m \in \mathbf{N}$ mit $m - n = 1$

   $\forall\, q \in \mathbf{Q}\ \exists\, m, n \in \mathbf{Z}$ mit $ggT(m, n) = 1$ und $q = m/n$

   $\forall\, z \in \mathbf{Z}\ \exists\, m, n \in \mathbf{Z}$ mit $z = 5m + 3n$

   $\forall\, z \in \mathbf{R}, r > 0\ \exists\, s \in \mathbf{R}$ mit $10^s = z$

   $\forall$ Dreieck $\Delta ABC\ \exists$ Punkt $P$ mit $|PA| = |PB| = |PC|$

   $\forall$ f, f stetig, $a, b \in \mathbf{R}$ mit $a < b$ und $f(a) < 0$, $f(b) > 0\ \exists\, c$ mit $a < c < b$ und $f(c) = 0$

# 1.9 Es gibt für alle

Hier wird die Existenz eines Objekts behauptet, das für alle Objekte der Menge die gleiche Bedeutung hat (eine „Invariante"). Das kann zum Beispiel eine Konstante sein. Solche Aussagen sind in der Regel sehr „starke" Sätze.

Die Behauptung ist, dass für alle Kreise das Verhältnis aus Umfang und Durchmesser das gleiche ist. Wir nennen dieses konstante Verhältnis üblicherweise $\pi$.

Die Stärke dieser Aussage besteht darin, dass eine Eigenschaft beschrieben wird, die für alle Kreise gilt.

**$\exists$ c $\in$ R $\forall$ Kreise: U/d = c, wobei U der Umfang und d der Durchmesser des Kreises ist.**

Hier wird nur behauptet, dass es eine Konstante c gibt.

## Aufgaben, Tests, Herausforderungen

**1. Übersetzen Sie folgende Aussagen in formale ∃∀-Aussagen.**

- Die Winkelsumme im Dreieck beträgt 180°.
- Das Verhältnis von Diagonale und Seite eines Quadrats ist konstant.
- Es gibt eine reelle Zahl $r$, so dass $r+x = r$ für alle $x \in \mathbf{R}$ (neutrales Element bezüglich der Addition).
- Es gibt eine reelle Zahl $r$, so dass $r \cdot x = x$ für alle $x \in \mathbf{R}$ (neutrales Element bezüglich der Multiplikation).

**2. Drücken Sie folgende Aussagen „umgangssprachlich“ aus. Bestimmen Sie jeweils die Konstante.**

$\exists\, r \in \mathbf{R}$ ∀ Vierecke: Summe der Innenwinkel = $r$

$\exists\, r \in \mathbf{R}$ ∀ Parallelogramme: Summe der Winkel an einer Seite = $r$

$\exists\, z \in \mathbf{Z}$ ∀ konvexe Polyeder: Anzahl Ecken – Anzahl Kanten + Anzahl Flächen = $z$

**3. Richtig oder falsch?**

- ☐ $\forall\, r \in \mathbf{R}\ \exists\, s \in \mathbf{R}$: $r + s = 0$
- ☐ $\exists\, r \in \mathbf{R}\ \forall\, s \in \mathbf{R}$: $r + s = 0$
- ☐ $\forall\, r \in \mathbf{R}, r \neq 0\ \exists\, s \in \mathbf{R}$: $r \cdot s = 1$
- ☐ $\exists\, r \in \mathbf{R}, r \neq 0\ \forall\, s \in \mathbf{R}$: $r \cdot s = 1$
- ☐ ∀ $\Delta ABC$ gleichseitiges Dreieck $\exists\, r \in \mathbf{R}$: Höhe/Grundseite = $r$
- ☐ $\exists\, r \in \mathbf{R}$ ∀ $\Delta ABC$ gleichseitiges Dreieck: Höhe/Grundseite = $r$

# 2 Mengen



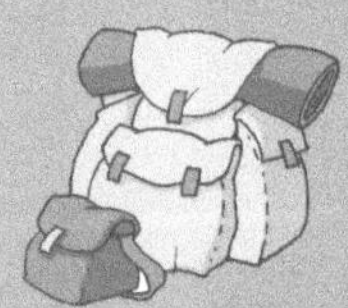

## 2.1 Menge

Oft wird die definierte Menge durch einen Buchstaben o.ä. bezeichnet. Man kann dann diese Menge leicht benennen: „Sei g ein Element von G, dann …“

In diesem Fall wird aus **N** (und nicht etwa aus **Z**) ausgewählt. Das heißt, als Elemente der zu definierenden Menge kommen von vornherein nur natürliche Zahlen in Frage.

Bei einer Definition wird mit dem Doppelpunkt angedeutet, auf welcher Seite der Begriff steht, der gerade definiert wird. Hier wird die Menge G definiert.

Insgesamt handelt es sich hier um die Definition einer Menge durch eine Eigenschaft. Links des senkrechten Strichs ist vermerkt, aus welcher Obermenge die Elemente ausgewählt werden, rechts davon steht die Eigenschaft, aufgrund derer die Elemente ausgewählt werden.

$$G := \{x \in \mathbf{N} \mid x \text{ ist ein Vielfaches von } 2\}$$

Mengenklammern. Mengen werden immer so bezeichnet. Am einfachsten, indem man ihre Elemente aufzählt, zum Beispiel: $M = \{1, 2, 3\}$ oder $M = \{0, 2, 4, 6, \ldots\}$.

Elementzeichen. $x \in X$ bedeutet, dass das Element $x$ in der Menge $X$ enthalten ist. Zum Beispiel gilt $2 \in \{1, 2, 3\}$. Die Negation wird mit $\notin$ („nicht Element von“) bezeichnet. Zum Beispiel gilt $0 \notin \{1, 2, 3\}$.

Das ist die Bedingung bzw. die Eigenschaft, die die Elemente der neuen Mengen erfüllen müssen. In diesem Fall muss die Zahl gerade sein. Allgemein könnte man für die Mengendefinition schreiben: $M := \{x \in X \mid E(x)\}$. Dann enthält die Menge $M$ alle Elemente der Menge $X$, die die Eigenschaft $E$ haben. Es kommt übrigens nicht darauf an, dass die Eigenschaft formal ausgedrückt wird; es ist durchaus möglich, diese auch verbal zu formulieren.

## Aufgaben, Tests, Herausforderungen

1. **Beschreiben Sie folgende Mengen als Teilmengen von $\mathbf{N}$ durch eine Eigenschaft:**

   $\{0, 2, 4, 6, \ldots\}$

   $\{1, 3, 5, 7, \ldots\}$

   $\{1, 4, 9, 16, 25, \ldots\}$

   $\{1, 2, 4, 8, 16, 32, \ldots\}$

   $\{0, 1, 3, 7, 15, \ldots\}$

   $\{1, 3, 6, 10, 15, 21, \ldots\}$

2. **Beschreiben Sie folgende Mengen verbal:**

   $\{n \in \mathbf{N} \mid n \geq 5\}$

   $\{n \in \mathbf{N} \mid n-3 \in \mathbf{N}\}$

   $\{n \in \mathbf{N} \mid n/3 \in \mathbf{N}\}$

   $\{n \in \mathbf{N} \mid (n-1)/3 \in \mathbf{N}\}$

   $\{n \in \mathbf{N} \mid \sqrt{n} \in \mathbf{N}\}$

3. **Beschreiben Sie folgende Mengen geometrisch, indem Sie diese als Mengen von Punkten des $\mathbf{R}^2$ auffassen:**

   $\{(x, y) \mid x, y \in \mathbf{R}, y = 2x - 5\}$

   $\{(x, y) \mid x, y \in \mathbf{R}, 2x + 3y = 5\}$

   $\{(x, y) \mid x, y \in \mathbf{R}, x = 1\}$

   $\{(x, y) \mid x, y \in \mathbf{R}, y = 1\}$

   $\{(x, y) \mid x, y \in \mathbf{R}, x^2 + y^2 = 1\}$

   $\{(x, y) \mid x, y \in \mathbf{R}, xy = 1\}$

   $\{(x, y) \mid x, y \in \mathbf{R}, x^2 - y^2 = 1\}$

4. **Beschreiben Sie folgende Teilmengen des $\mathbf{R}^2$ ähnlich wie in der vorigen Aufgabe:**

   - Die Parallele zur x-Achse im Abstand 2,
   - die erste Winkelhalbierende,
   - die Normalparabel,
   - den Kreis mit Mittelpunkt (2, 3) und Radius 5.

## 2.2 Die Summenformel

Durch die beiden senkrechten Striche wird die *Mächtigkeit* der Menge A bezeichnet, also die Anzahl ihrer Elemente. Zum Beispiel ist | {1,2,3} | = 3.

A und B sind *endliche* Mengen, das heißt Mengen mit einer endlichen Anzahl von Elementen.

Von der Summe der Mächtigkeiten von A und B wird die Mächtigkeit des Durchschnitts der Mengen abgezogen. Wenn der Durchschnitt gleich der leeren Menge ist, vereinfacht sich die Summenformel zu $|A \cup B| = |A| + |B|$.

$$|A \cup B| = |A| + |B| - |A \cap B|$$

Die *Vereinigung* von A und B. In der Vereinigung der Mengen A und B liegen genau die Elemente, die in A oder in B enthalten sind. Zum Beispiel ist $\{a,b,c\} \cup \{b,c,d\} = \{a,b,c,d\}$.

Der *Durchschnitt* (die „Schnittmenge") von A und B. Im Durchschnitt der Mengen A und B liegen genau die Elemente, die sowohl in A als auch in B enthalten sind. Zum Beispiel ist $\{a,b,c\} \cap \{b,c,d\} = \{b,c\}$.

Man kann die Summenformel durch ein „Venn-Diagramm" illustrieren:

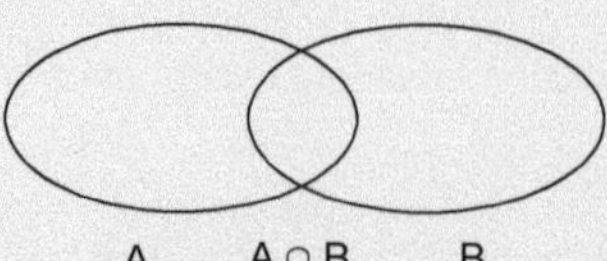


Beweis der Summenformel: Die Vereinigung $A \cup B$ teilt sich auf in die disjunkten Mengen $A \setminus B$, $A \cap B$ und $B \setminus A$. Daher gilt $|A \cup B| = (|A| - |A \cap B|) + (|B| - |A \cap B|) + |A \cap B| = |A| + |B| - |A \cap B|$.

## Aufgaben, Tests, Herausforderungen

1. **An der Universität Mathlandia studieren 657 Studenten Mathematik und 842 Biologie, wobei 289 beide Fächer studieren. Wie viele studieren Mathematik oder Biologie?**

2. **Von den 32 Schülerinnen und Schülern einer Klasse gehen 27 gerne in Discos und 18 mögen Mathematik. Was kann man über die Zahl derer aussagen, die sowohl gerne Discos besuchen als auch Mathe mögen?**

3. **Zeichnen Sie ein Venn-Diagramm (Mengen-Diagramm) für drei Mengen A, B, C.**

4. **Formulieren Sie die Summenformel für drei Mengen.**

5. **Beweisen Sie die Summenformel für drei Mengen.**

6. **Die Summenformel für $n$ Mengen findet man in der Literatur auch unter dem „Prinzip der Inklusion und Exklusion". Warum?**

*Übrigens*: Venn-Diagramme sind nach dem englischen Theologen und Logiker John Venn (1834–1923) benannt.

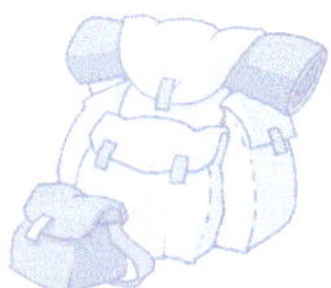

## 2.3 Die leere Menge

Wenn zwei Mengen als Durchschnitt die leere Menge haben, bedeutet das, dass sie kein Element gemeinsam haben. Man nennt solche Mengen *disjunkt*.

Die leere Menge. Das ist die Menge, die kein Element enthält. Zunächst denkt man, dass diese Menge überhaupt keine Rolle spielt, sie ist aber in vielerlei Hinsicht nützlich und im Grunde unverzichtbar.

$$A \cap B = \varnothing$$

Wenn die Vereinigung zweier disjunkter Mengen $A$ und $B$ die gesamte Menge $M$ ist, dann nennt man die Mengen $A$ und $B$ *komplementär* und sagt, $B$ ist das *Komplement* von $A$ in $M$.

## Aufgaben, Tests, Herausforderungen

1. **Bestimmen Sie unter den folgenden Mengen die Paare disjunkter Mengen:**

   {1, 2, 4, 8}

   {2, 4, 6, 8}

   {1, 3, 5, 7}

   {2, 3, 5, 7}

   {2, 3, 6, 7}

   {1, 2, 4, 5}

2. **Bestimmen Sie unter den folgenden Mengen die Paare disjunkter Mengen:**
   - Menge der ungeraden natürlichen Zahlen
   - Menge der geraden natürlichen Zahlen
   - Menge der positiven Quadratzahlen
   - Menge der Primzahlen
   - Menge der durch 9 teilbaren natürlichen Zahlen

3. **Wie lautet die Summenformel für disjunkte Mengen?**

*Bemerkung*: Das Zeichen $\varnothing$ für die leere Menge soll eine durchgestrichene Null sein. Vor allem in Schulbüchern findet man auch die Bezeichnung { } für die leere Menge.

# 2.4 Das kartesische Produkt

- **Das kartesische Produkt der Mengen A und B besteht aus Paaren, wobei ein Element aus A und das andere aus B kommt.**
  Schon in dieser umschreibenden Erklärung wird deutlich, dass das kartesische Produkt keine Teilmenge von A oder B ist, sondern dass seine Elemente etwas Neues sind.

- **Das kartesische Produkt der Mengen A und B besteht aus den Paaren (a, b) mit $a \in A$ und $b \in B$.**
  Die Elemente des kartesischen Produkts, nämlich die Paare (a, b), werden benannt.

- **Das kartesische Produkt der Mengen A und B wird mit $A \times B$ bezeichnet. Seine Elemente sind die Paare (a, b) mit $a \in A$ und $b \in B$.**
  Hier wird in verbaler Form schon ziemlich klar gesagt, was das kartesische Produkt ist.

- **Das kartesische Produkt der nichtleeren Mengen A und B ist die Menge $A \times B$, deren Elemente die Paare (a, b) mit $a \in A$ und $b \in B$ sind.**
  An dieser Stelle wird eine kleine, aber wichtige Voraussetzung eingeführt, nämlich, dass weder A noch B die leere Menge ist. Wenn A die leere Menge wäre, könnte man kein $a \in A$ wählen.

- **Seien A und B nichtleere Mengen. Dann wird durch $A \times B := \{(a, b) \mid a \in A, b \in B\}$ eine Menge definiert, die man das kartesische Produkt von A und B nennt.**
  Jetzt steht alles richtig und ordentlich da.

## Aufgaben, Tests, Herausforderungen

1. **Beschreiben Sie explizit die Elemente des kartesischen Produkts der Mengen A und B:**

   A = {0, 1}, B = {X, Y, Z},

   A = {X, Y, Z}, B = {0, 1},

   A = {X, Y, Z}, B = {X, Y, Z},

   A = {0, 1}, B = {0, 1}.

2. **Für welche Mengen A, B gilt A×B = B×A?**

3. **Gilt folgendes „Distributivgesetz"?**

   **A×(B ∪ C) = (A×B) ∪ (A×C)**

3. **Definieren Sie das kartesische Produkt A×B×C von drei Mengen A, B, C.**

4. **Definieren Sie das kartesische Produkt für beliebig viele Mengen $A_1, A_2, \ldots, A_n$.**

5. **Das kartesische Produkt A×A einer nichtleeren Menge mit sich selbst bezeichnet man auch als $A^2$. Allgemein bezeichnet man das n-fache kartesische Produkt von A mit sich selbst als $A^n$. Sei A = {0, 1}. Bestimmen Sie explizit die Mengen $A^2$, $A^3$, $A^4$.**

*Übrigens*: „Kartesisch" kommt letztlich von René Descartes (1596–1650). Dieser Philosoph und Mathematiker hat Koordinaten in die Geometrie eingeführt. Seit dieser Zeit identifizieren wir die Punkte der Ebene mit Paaren (x, y) reeller Zahlen. Descartes heißt auf Lateinisch Cartesius (damals wurden alle Namen „latinisiert") . Daher kommt die Bezeichnung „cartesisch" oder „kartesisch".

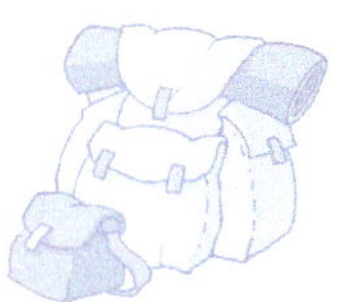

# 2.5 Die Produktformel

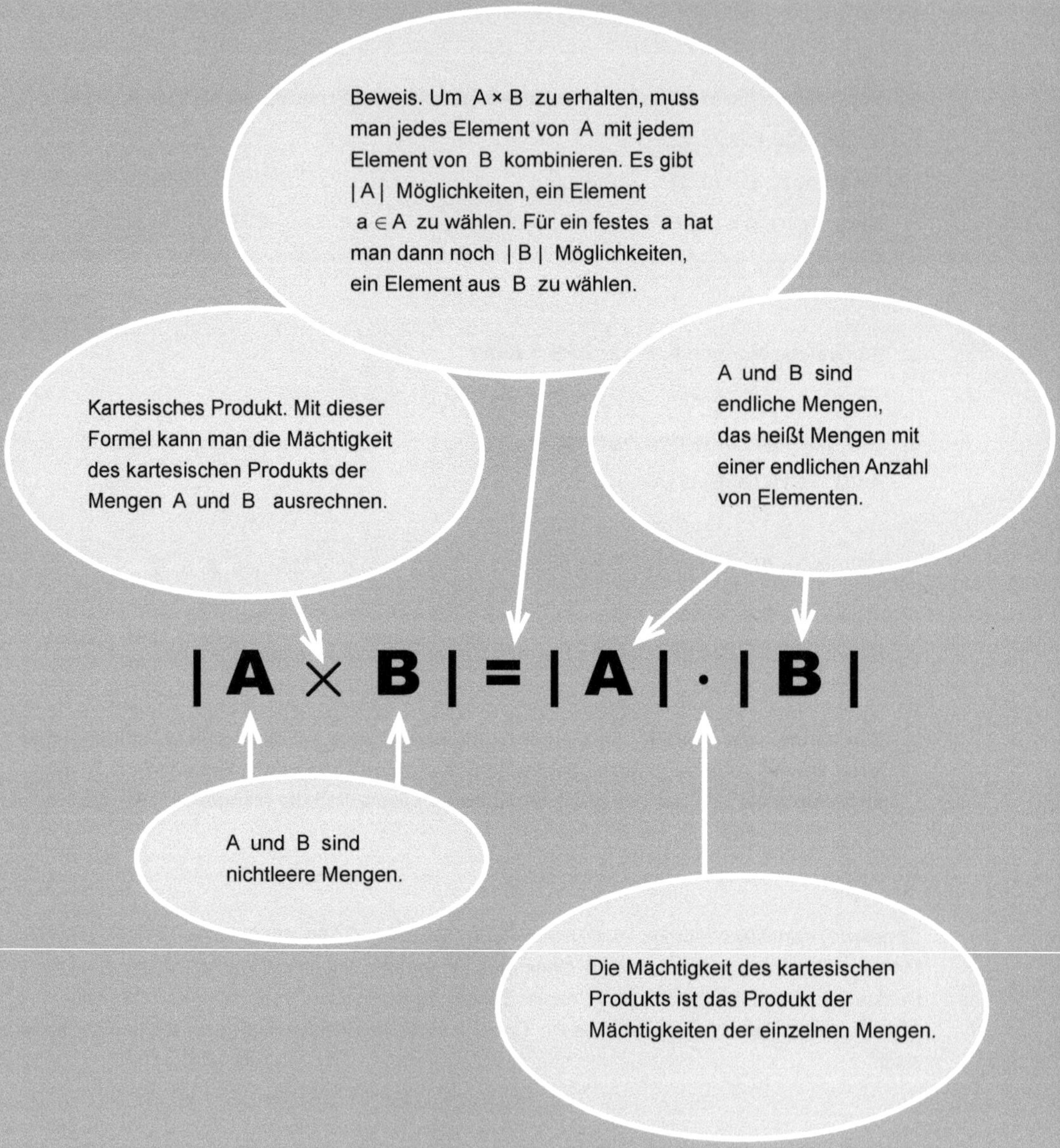

Beweis. Um $A \times B$ zu erhalten, muss man jedes Element von $A$ mit jedem Element von $B$ kombinieren. Es gibt $|A|$ Möglichkeiten, ein Element $a \in A$ zu wählen. Für ein festes $a$ hat man dann noch $|B|$ Möglichkeiten, ein Element aus $B$ zu wählen.

Kartesisches Produkt. Mit dieser Formel kann man die Mächtigkeit des kartesischen Produkts der Mengen $A$ und $B$ ausrechnen.

$A$ und $B$ sind endliche Mengen, das heißt Mengen mit einer endlichen Anzahl von Elementen.

$$|A \times B| = |A| \cdot |B|$$

$A$ und $B$ sind nichtleere Mengen.

Die Mächtigkeit des kartesischen Produkts ist das Produkt der Mächtigkeiten der einzelnen Mengen.

## Aufgaben, Tests, Herausforderungen

1. **Auf einer Party sind 27 Frauen und 33 Männer. Wie viele verschiedengeschlechtliche Paare kann man bilden?**

2. **Formulieren Sie die Produktregel für drei Mengen.**

3. **Verallgemeinern Sie die Produktregel auf $n$ Mengen.**

4. **Sei $A$ eine n-elementige Menge ($n > 0$). Dann gilt: Das n-fache kartesische Produkt von $A$ mit sich selbst hat genau $|A|^n$ Elemente.**
   **Sei $A = \{0, 1\}$. Wie viele Elemente haben die Mengen $A^2$, $A^3$ und $A^4$?**

5. **Wie viele Bytes (binäre Folgen der Länge 8) gibt es?**

# 2.6 Die Potenzmenge

Die *Potenzmenge*. Das ist die Menge aller Teilmengen einer Menge M.

Eine *Teilmenge* einer Menge M ist eine Menge M' mit der Eigenschaft, dass jedes Element von M' auch ein Element von M ist. Zum Beispiel ist {1,3,5} eine Teilmenge von {1,2,3,4,5,6}, aber {3,5,7} nicht. Wir schreiben $M' \subseteq M$, falls M' eine Teilmenge von M ist.

$$|\mathcal{P}(M)| = 2^n$$

Eine endliche Menge mit n Elementen.

Beweis durch Induktion nach n.
Für n = 0 und n = 1 ist der Nachweis einfach. Sei nun die Aussage richtig für $n - 1 \geq 1$. Wir betrachten eine n-elementige Menge M. In ihr zeichnen wir ein Element $m_0$ aus. Eine Teilmenge M' enthält entweder $m_0$ nicht – dann ist sie eine Teilmenge von $M \setminus \{m_0]$, oder sie enthält $m_0$ – dann ist $M' \setminus \{m_0\}$ eine Teilmenge von $M \setminus \{m_0\}$. Die Anzahl der Möglichkeiten ist nach Induktionsannahme in beiden Fällen jeweils gleich $2^{n-1}$. Somit ist die Gesamtzahl der Teilmengen von M gleich $2^{n-1} + 2^{n-1} = 2 \cdot 2^{n-1} = 2^n$.

## Aufgaben, Tests, Herausforderungen

1. **Bestimmen Sie alle Teilmengen von**
   {a, b, c},
   {α, β, γ, δ} und
   {1, 2, 3, 4, 5}.

2. **Sei $M = \{a_1, a_2, \ldots, a_n\}$ eine n-elementige Menge, deren Elemente nummeriert sind. Dann kann man jede Teilmenge von M durch ein binäres n-Tupel $(b_1, b_2, \ldots, b_n)$ codieren, indem man $b_i = 1$ setzt, genau dann, wenn $a_1$ in der entsprechenden Teilmenge enthalten ist. Zum Beispiel wird die Teilmenge {1, 3, 5} von {1, 2, 3, 4, 5, 6} durch das Tupel (1, 0, 1, 0, 1, 0) codiert.**
   **Stellen Sie zu jeder Teilmenge von {a, b, c} das entsprechende binäre Tripel auf. Versuchen Sie mithilfe dieser Codierung einen zweiten Beweis für die Mächtigkeit der Potenzmenge zu erarbeiten.**

# 2.7 Die Binomialzahlen

Sprich „n über k". Dieses Symbol bezeichnet die Anzahl aller k-elementigen Teilmengen einer n-elementigen Menge. Man nennt diese Zahlen *Binomialzahlen,* oder auch *Binomialkoeffizienten*.

Dies ist eine Rekursionsformel. Das heißt, man führt ein schwieriges Problem, nämlich die Anzahl der Teilmengen einer n-elementigen Menge zu bestimmen, auf einfachere Probleme zurück, nämlich die Anzahl von Teilmengen von Mengen der Mächtigkeit n–1 zu bestimmen.

$$\binom{n}{k} = \binom{n-1}{k} + \binom{n-1}{k-1}$$

*Beweis*. Wir fixieren ein Element $m_0$ der n-elementigen Menge M. Dann gibt es zwei Sorten von k-elementigen Teilmengen: Diejenigen, die $m_0$ nicht enthalten und diejenigen, die $m_0$ enthalten. Die ersten entsprechen den k-elementigen Teilmengen von $M \setminus \{m_0\}$. Wenn man von den zweiten das Element $m_0$ entfernt, entsprechen diese den (k–1)-elementigen Teilmengen von $M \setminus \{m_0\}$.

Verbal kann man diese Formel so ausdrücken:
Die Anzahl der k-elementigen Teilmengen einer n-elementigen Menge ist gleich der Anzahl der k-elementigen Teilmengen einer (n–1)-elementigen Menge plus der Anzahl der (k–1)-elementigen Teilmengen einer (n–1)-elementigen Menge.

## Aufgaben, Tests, Herausforderungen

1. **Für kleine n kann man die Binomialzahlen $\binom{n}{k}$ ausrechnen, indem man die entsprechenden Teilmengen aufschreibt. Zum Beispiel ist $\binom{4}{2}$ gleich 6, denn die 4-elementige Menge {1, 2, 3, 4} hat genau folgende sechs 2-elementige Teilmengen:**
   **{1,2}, {1,3}, {1,4}, {2,3}, {2,4}, {3,4}.**
   - Berechnen Sie auf diese Weise $\binom{5}{2}$ und $\binom{5}{3}$.
   - Bestimmen Sie $\binom{n}{0}$ und $\binom{n}{1}$.
   - Machen Sie sich klar: $\binom{n}{k} = \binom{n}{n-k}$.

2. **Auf einer Party sind 27 Frauen und 33 Männer. Wie viele gleichgeschlechtliche Paare kann man bilden?**

3. **Berechnen Sie die folgenden Binomialzahlen:**
   $\binom{6}{3}, \binom{7}{3}, \binom{8}{3}$.

4. **Zeigen Sie:** $\binom{n}{2} = \frac{n(n-1)}{2}$.

5. **Wie lautet die entsprechende Formel für** $\binom{n}{3}$**?**

# 2.8 Der Binomialsatz

Man kann sich die Summe natürlich auch ausgeschrieben vorstellen:

$$\binom{n}{0}\cdot y^n + \binom{n}{1}\cdot xy^{n-1} + \binom{n}{2}\cdot x^2y^{n-2} + \ldots + \binom{n}{n-1}\cdot x^{n-1}y + \binom{n}{n}\cdot x^n$$

Variable. Das heißt, für x und y kann man alles (zum Beispiel jede Zahl) einsetzen.

Es soll die n-te Potenz von x+y ausgerechnet werden.

Binomialzahl. Die Anzahl der Möglichkeiten, eine k-elementige Teilmenge aus einer n-elementigen Menge auszuwählen.

$$(x+y)^n = \sum_{k=0}^{n} \binom{n}{k}\cdot x^k y^{n-k}$$

Das nennt man das „Binom"; das ist ein Ausdruck aus zwei Variablen. (Ein „Trinom" ist zum Beispiel x+y+z.)

Wenn man die Potenz $(x+y)^n = (x+y)\cdot(x+y)\cdot\ldots\cdot(x+y)$ ausmultipliziert, muss man aus jeder der $n$ Klammern entweder die Variable $x$ oder die Variable $y$ wählen. Insgesamt sind das $n$ Faktoren. Unter diesen kommt $x$ eine gewisse Anzahl mal vor, sagen wir $k$ mal. Dann kommt $y$ genau $n–k$ mal vor, und insgesamt ergibt sich $x^ky^{n–k}$.

*Beweis*. Wir multiplizieren $(x+y)^n = (x+y)\cdot(x+y)\cdot\ldots\cdot(x+y)$ aus. Der Summand $x^ky^{n–k}$ ergibt sich genau dann, wenn man aus $k$ der Klammern die Variable $x$ auswählt. Das entspricht der Wahl einer k-elementigen Teilmenge in einer n-elementigen Menge. Daher gibt es dafür genau $\binom{n}{k}$ Möglichkeiten.

## Aufgaben, Tests, Herausforderungen

1. **Man kann den Binomialsatz dazu benutzen, Potenzen von Zahlen zu berechnen, die in der Nähe einer einfach zu berechnenden Potenz liegen.**
   **Zum Beispiel ist $(1001)^2 = (1000 + 1)^2 = 1000^2 + 2\cdot 1000\cdot 1 + 1^2 = 1.002.001$.**
   **Berechnen Sie auf diese Weise:**

   $1001^3$

   $999^2$

   $1002^2$

   $998^3$

   $1000005^4$

2. **Berechnen Sie:**

   $(x + 2y)^3$

   $(x - y)^4$

   $(2u - 3v)^5$

   $(u^2 + v^2)^4$

3. **Setzen Sie im Binomialsatz $x = y = 1$ und interpretieren Sie das Ergebnis in der Sprache der Teilmengen.**

4. **Setzen Sie im Binomialsatz $x = 1$, $y = -1$ und interpretieren Sie das Ergebnis in der Sprache der Teilmengen.**

5. **Seien $A$ und $B$ zwei Teilmengen einer Menge $M$. Mit $A \Delta B$ bezeichnen wir die so genannte *symmetrische Differenz* der Mengen $A$ und $B$, die definiert ist durch $A \Delta B := (A \cup B) \setminus (A \cap B)$.**

   - Zeichnen Sie ein Venn-Diagramm zur symmetrischen Differenz.
   - Was ist die symmetrische Differenz zweier disjunkter Mengen?

6. **Zeigen Sie: Wenn $A$ und $B$ Teilmengen gerader Mächtigkeit sind, dann ist auch $A \Delta B$ eine Teilmenge von $M$ mit gerader Mächtigkeit.**

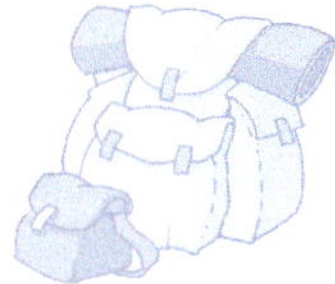

# 2.9 Unendliche Mengen

Mächtigkeit der Menge M. Bei endlichen Mengen kann man die Mächtigkeit als die Anzahl der Elemente von M definieren. Bei unendlichen Mengen kann man Mächtigkeiten im Grunde nur vergleichen.

Die liegende Acht ist das Zeichen für die Unendlichkeit. Die Aussage „= ∞" bedeutet nur, dass die Menge nicht endlich ist. Zum Beispiel darf man schreiben $|\mathbf{N}| = \infty$ und $|\mathbf{R}| = \infty$, es gilt aber nicht $|\mathbf{N}| = |\mathbf{R}|$.

$$|\, M \,| = \infty.$$

Um zu zeigen, dass eine Menge unendlich ist, muss man zeigen, dass sie eine echte Teilmenge der gleichen Mächtigkeit besitzt. Zum Beispiel muss für jedes Element $m \in M$ gelten, dass $M$ und $M \backslash \{m\}$ die gleiche Mächtigkeit haben.

Die wichtigsten unendlichen Mengen sind:
Die Menge **N** der natürlichen Zahlen: $\mathbf{N} = \{0, 1, 2, 3, \ldots]$
Die Menge **Z** der ganzen Zahlen: $\mathbf{Z} = \{\ldots, -3, -2, -1, 0, 1, 2, 3, \ldots\}$
Die Menge **Q** der rationalen Zahlen: $\mathbf{Q} = \{p/q \mid p, q \in \mathbf{Z}, q \neq 0\}$
Die Menge **R** der reellen Zahlen, die man sich als Menge der (endlichen und unendlichen) Dezimalbrüche vorstellen kann.
Die Menge **C** der komplexen Zahlen: $\mathbf{C} = \{a+bi \mid a, b \in \mathbf{R}\}$

## Aufgaben, Tests, Herausforderungen

1. **Ob zwei Mengen gleichmächtig sind, stellt man dadurch fest, dass man eine bijektive Beziehung zwischen den Elementen der einen und denen der anderen Menge angibt. Den wichtigsten Spezialfall bilden die Mengen, die gleichmächtig zu N sind; man nennt diese Mengen „abzählbar". Bei diesen können die Elemente mit Hilfe der natürlichen Zahlen durchnummeriert werden. Mit anderen Worten: Die Elemente einer abzählbaren Menge können in einer Liste aufgeführt werden: Nr. 1, Nr. 2, Nr. 3 und so weiter.**

   **Zeigen Sie, dass folgende Mengen abzählbar sind, indem Sie die Elemente in einer fortlaufenden Liste aufschreiben:**

   - $\mathbf{N}\setminus\{0\}$
   - $\mathbf{N}\setminus\{5\}$
   - $\mathbf{N}\setminus\{0,1,2,\ldots,1000\}$
   - Die Menge der geraden Zahlen
   - Die Menge der Primzahlen
   - $\mathbf{Z}$
   - $\mathbf{N}\times\mathbf{N}$
   - $\mathbf{Z}\times\mathbf{Z}$
   - $\mathbf{Q}$

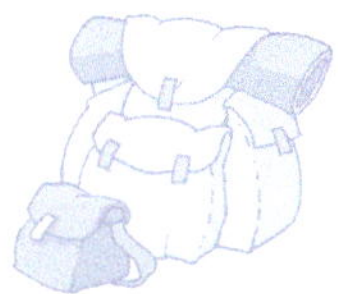

# 3 Zahlen

Natürliche Zahlen

Induktion

Primzahlen

Primfaktorzerlegung

Division mit Rest

$Z_n$

Rationale Zahlen

Addition von rationalen Zahlen

Supremum

Zahlbereiche

i

# 3.1 Natürliche Zahlen

Die natürlichen Zahlen haben einen Anfang. Traditionell ist das die Zahl 1. Heute wird oft auch 0 als Anfang der natürlichen Zahlen gewählt.

Das Charakteristische der natürlichen Zahlen ist das schrittweise Voranschreiten: Jede Zahl ist genau 1 mehr als ihr Vorgänger.

**1, 2, 3 …**

Es geht immer weiter. Die natürlichen Zahlen haben kein Ende. Dies ist die einfachste Form der Unendlichkeit.

Formal werden die natürlichen Zahlen durch die *Peano-Axiome* beschrieben. Diese lauten:

(1) 1 ist eine natürliche Zahl.

(2) Jede natürliche Zahl $n$ hat genau einen Nachfolger, den wir mit $n'$ bezeichnen.

(3) 1 ist nicht Nachfolger einer natürlichen Zahl.

(4) Jede natürliche Zahl ist Nachfolger von höchstens einer natürlichen Zahl. (Das heißt: Jede natürliche Zahl $\neq 1$ ist Nachfolger genau einer natürlichen Zahl.)

(5) Jede Menge von natürlichen Zahlen, die 1 enthält und zu jeder natürlichen Zahl $n$ auch ihren Nachfolger enthält, ist gleich der Menge aller natürlichen Zahlen.

Manchmal lässt man die natürlichen Zahlen auch mit 0 beginnen. Dann muss man in den Peano-Axiomen „1“ durch „0“ ersetzen. Man kann beweisen, dass die natürlichen Zahlen im Wesentlichen eindeutig sind. Das heißt, sie sind durch die Axiome – bis auf Isomorphie, das heißt bis auf Umbenennung der Elemente und der Nachfolgerrelation – eindeutig bestimmt. Diese Tatsache drückt man auch so aus, dass man sagt, das Axiomensystem sei „kategorisch“.

## Aufgaben, Tests, Herausforderungen

**1. Welche der folgenden Mengen erfüllen die Peano-Axiome?**

- ☐ {0, 1, 2, 3,…}
- ☐ {–3, –2, –1, 0, 1, 2, 3, …}
- ☐ {…, –3, –2, –1, 0, 1, 2, 3, …}
- ☐ {3, 2, 1, 0, –1, –2, –3, …}
- ☐ {–6, –4, –2, 0, 2, 4, 6, …}
- ☐ {2, 5, 8, 11, 14}

*Giuseppe Peano* (1858–1932 ) veröffentlichte die Axiome der natürlichen Zahlen im Jahr 1889. Er übernahm dabei im Wesentlichen das von Richard Dedekind 1888 aufgestellte Axiomensystem (was Peano explizit sagt).

In seinem Buch „Was sind und was sollen Zahlen“ (1888) schreibt Dedekind: *Die Zahlen sind freie Schöpfungen des menschlichen Geistes, sie dienen als Mittel, um die Verschiedenheit der Dinge leichter und schärfer aufzufassen.*

# 3.2 Induktion

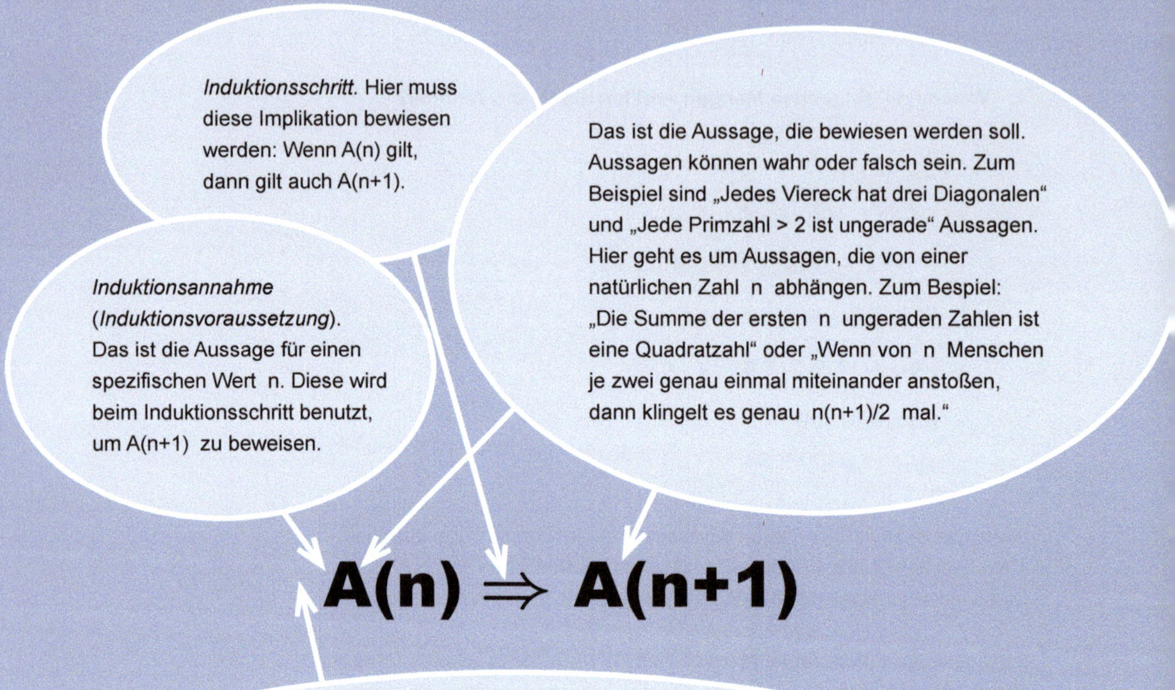

*Induktionsschritt.* Hier muss diese Implikation bewiesen werden: Wenn A(n) gilt, dann gilt auch A(n+1).

Das ist die Aussage, die bewiesen werden soll. Aussagen können wahr oder falsch sein. Zum Beispiel sind „Jedes Viereck hat drei Diagonalen" und „Jede Primzahl > 2 ist ungerade" Aussagen. Hier geht es um Aussagen, die von einer natürlichen Zahl $n$ abhängen. Zum Bespiel: „Die Summe der ersten $n$ ungeraden Zahlen ist eine Quadratzahl" oder „Wenn von $n$ Menschen je zwei genau einmal miteinander anstoßen, dann klingelt es genau $n(n+1)/2$ mal."

*Induktionsannahme* (*Induktionsvoraussetzung*). Das ist die Aussage für einen spezifischen Wert $n$. Diese wird beim Induktionsschritt benutzt, um A(n+1) zu beweisen.

$$A(n) \Rightarrow A(n+1)$$

Hier fehlt noch etwas, nämlich die *Induktionsbasis (Induktionsverankerung).* Das ist oft die Aussage A(1). Man muss dazu nachweisen, dass die Aussage A im Fall $n = 1$ gilt. Man kann aber auch mit A(0) oder A(5) starten. Wenn der vollständige zu beweisende Satz lautet: „Die Aussage A gilt für alle $n \geq n_0$", dann ist $A(n_0)$ die Induktionsbasis, und man muss den Induktionsschritt für ein beliebiges $n \geq n_0$ machen.

*Vorstellung.* Man kann sich das Prinzip der Induktion sehr schön mit einer Treppe veranschaulichen, die unendlich viele Stufen hat. Die Aussage A(n) heißt: Ich erreiche die n-te Stufe.
Dann bedeutet die Induktionsbasis A(1): Ich komme auf die erste Stufe.
Der Induktionsschritt „A(n) ⇒ A(n+1)" bedeutet: Wenn ich die n-te Stufe erreicht habe, dann schaffe ich auch die (n+1)-te Stufe.
Wenn diese beiden Aussagen bewiesen sind, sagt das Prinzip der vollständigen Induktion, dass ich alle Stufen erreichen kann.

*Hintergrund*: Das Prinzip der vollständigen Induktion ist das zentrale Instrument, mit dem man in der Mathematik Aussagen über unendlich viele Objekte (zum Beispiel alle natürlichen Zahlen) beweisen kann. Das Prinzip lautet: Wenn Induktionsbasis und Induktionsschritt gelten (das heißt, bewiesen wurden), dann gilt die Aussage A allgemein, das heißt für alle $n$.

*Beispiel.* A(n) sei die Aussage $1+2+3+\ldots+n = n(n+1)/2$. Induktionsbasis $n = 1$. Bei der Aussage A(1) steht links nur die Zahl 1, rechts der Ausdruck $1 \cdot 2/2$. Da dieser auch gleich 1 ist, sind beide Seiten gleich, und es gilt A(1).
Induktionsschritt. Sei $n \geq 1$, und sei A(n) richtig.
Wir müssen A(n+1) zeigen. Es gilt
$1 + 2 + 3 + \ldots + n + (n+1) = [1 + 2 + 3 + \ldots + n] + (n+1)$.
Nach Induktionsvoraussetzung ist
$1 + 2 + 3 + \ldots + n = n(n+1)/2$, also folgt weiter
$\ldots = n(n+1)/2 + (n+1)$
$= n(n+1)/2 + 2(n+1)/2 = (n+2)(n+1)/2$.
Das ist die Aussage A(n+1).

## Aufgaben, Tests, Herausforderungen

**1. Welche der folgenden Aussagen könnte man – prinzipiell – mit Induktion beweisen?**

- [ ] Die Winkelsumme im Dreieck ist 180°.
- [ ] 5 Kinder können sich auf 5! Arten auf 5 verschiedene Stühle setzen.
- [ ] n Kinder können sich auf n! Arten auf n verschiedene Stühle setzen.
- [ ] Die Summe der Zahlen 1, 2, 3, …, n ist n(n+1)/2.
- [ ] Jede ungerade Quadratzahl lässt bei Division durch 8 den Rest 1.
- [ ] Durch drei Punkte, die nicht auf einer gemeinsamen Geraden liegen, geht genau ein Kreis.
- [ ] Die Endziffer jeder geraden Zahl ist – im Dezimalsystem – 0, 2, 4, 6 oder 8.

**2. Beweisen Sie folgende Aussagen mit Induktion:**

- Die Summe der ersten n ungeraden Zahlen ist gleich $n^2$.
- Wenn von n Menschen je zwei genau einmal miteinander anstoßen, dann klingelt es genau n(n–1)/2 mal.

*Hinweis*: In der Philosophie benutzt man den Begriff „Induktion" im Gegensatz zu „Deduktion". Deduktion ist das uns vertraute mathematische Schließen mit den Gesetzen der Logik. Mit Induktion will man aus Erfahrung durch eine Art Abstraktion auf allgemeine Aussagen schließen. Also zum Beispiel: „Sokrates ist ein Mensch, Sokrates ist sterblich, also sind alle Menschen sterblich." Das kann natürlich auch in die Hose gehen: „Einstein ist ein Mensch, Einstein ist ein Genie, also sind alle Menschen Genies."

Im Gegensatz zu diesem mit Vorsicht zu genießenden Induktionsbegriff sind die Induktionsbeweise in der Mathematik hieb- und stichfest. Man spricht daher manchmal von *vollständiger* (oder auch *mathematischer*) Induktion.

# 3.3 Primzahlen

Die erste Primzahl ist 2. Die Zahl 1 ist keine Primzahl.

Primzahlen. Eine *Primzahl* ist eine natürliche Zahl > 1, die nur durch 1 und sich selbst teilbar ist. Die Betonung liegt hierbei auf „nur": Eine Primzahl ist somit eine Zahl > 1, die so wenige Teiler wie nur möglich hat.

**2, 3, 5, 7, 11, 13, 17, ...**

Jede Primzahl größer als 2 ist ungerade. Denn eine gerade Zahl ist durch 2 teilbar, hat also, wenn sie größer als 2 ist, einen Teiler, der verschieden von 1 und ihr selbst ist.

Primzahlen gibt es ohne Ende. Anders gesagt: Es gibt unendlich viele Primzahlen. Ein Beweis für diesen Satz steht schon bei Euklid (ca. 300 v.Chr.): Angenommen, es gäbe nur endlich viele Primzahlen $p_1$, $p_2$, ..., $p_s$. Dann ist $p_1 \cdot p_2 \cdot \ldots \cdot p_s + 1$ eine natürliche Zahl > 1. Diese muss durch eine Primzahl $p$ teilbar sein. Da $p$ keine der Primzahlen $p_1, p_2, \ldots, p_s$ sein kann, ist $p$ eine neue Primzahl.

## Aufgaben, Tests, Herausforderungen

1. **Führen Sie den Beweis über die Unendlichkeit der Primzahlen detailliert zu Ende.**

2. **Kann man im Beweis über die Unendlichkeit der Primzahlen auch die Zahl $p_1 \cdot p_2 \cdot \ldots \cdot p_s - 1$ betrachten und damit den Beweis zu Ende führen?**

3. **Welche der folgenden Zahlen sind Primzahlen?**

   ☐ 851

   ☐ 1001

   ☐ 1591

4. **Um die Primzahlen bis 100 zu erhalten, schreibt man die Zahlen 2, 3, … , 100 auf. Die erste Zahl (also die 2) ist eine Primzahl und wird eingekringelt. Dann werden alle Vielfachen von 2 (also 2, 4, 6, … , 100) gestrichen. Die nächste freie Zahl (die 3) ist eine Primzahl und wird eingekringelt. Dann werden alle Vielfachen von 3 (also 6, 9, 12, … , 99) gestrichen. Die nächste freie Zahl …**
   **Bestimmen Sie mit diesem Verfahren alle Primzahlen bis 100. Wie viele sind dies?**
   **Sobald man Primzahlen > 10 testet (zum Beispiel 11, 13, … ), stellt man fest, dass all ihre Vielfachen bereits gestrichen sind. Warum?**
   **Verallgemeinern Sie das Verfahren auf den Fall, dass man die Primzahlen bis zu einer Zahl $n$ sucht.**
   **Bis zu welcher Größe muss man Primzahlen testen, wenn man die Primzahlen bis $n$ sucht?**

   *Bemerkung*: Dieses Verfahren wird das *Sieb des Eratosthenes* genannt (Eratosthenes von Kyrene, ca. 200 v. Chr., griechischer Universalgelehrter).

5. **Primzahlen sind natürliche Zahlen, die durch genau zwei natürliche Zahlen teilbar sind, nämlich durch 1 und sich selbst. Gibt es natürliche Zahlen, die durch genau drei natürliche Zahlen teilbar sind? Welche sind dies?**

# 3.4 Primfaktorzerlegung

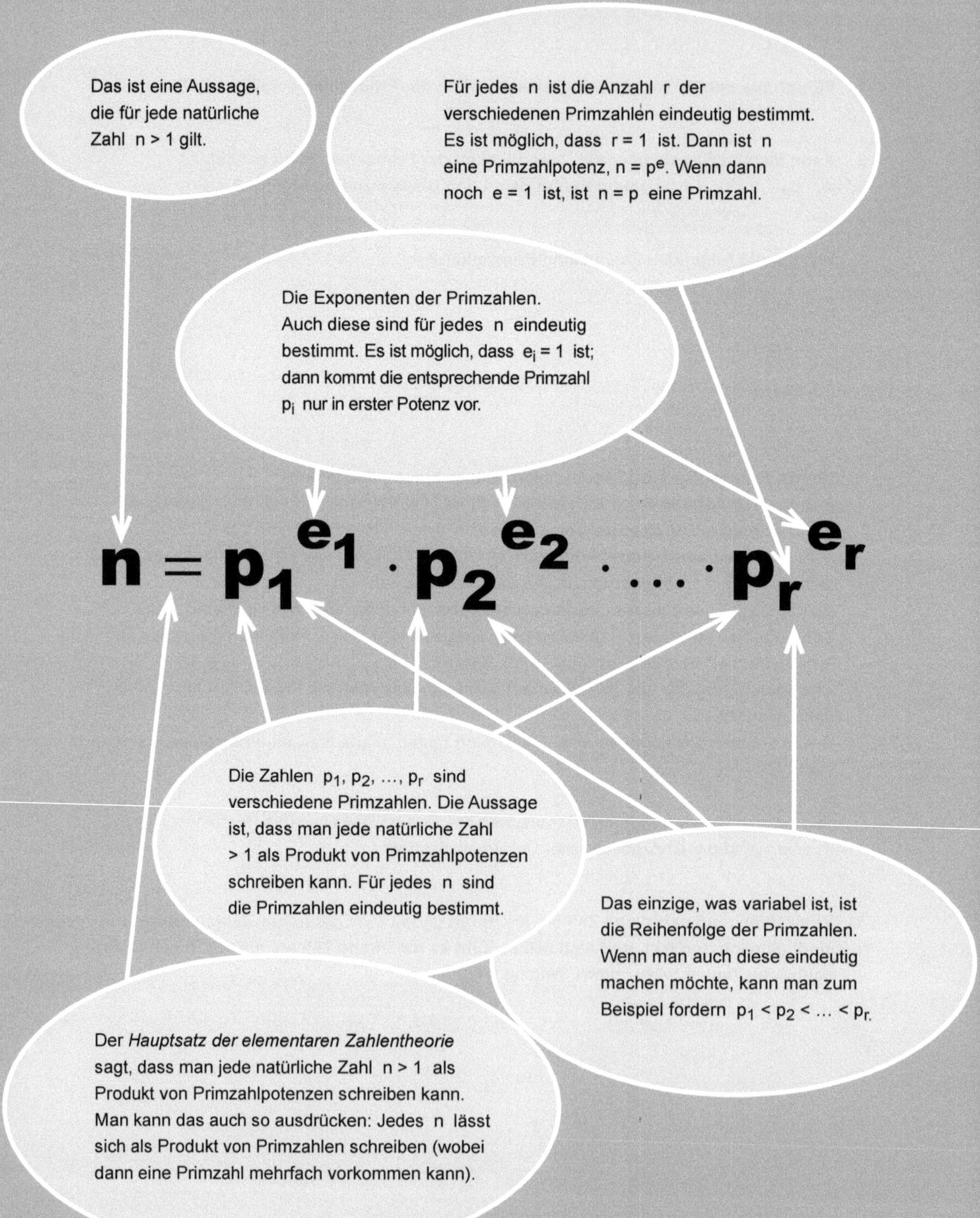

Das ist eine Aussage, die für jede natürliche Zahl $n > 1$ gilt.

Für jedes $n$ ist die Anzahl $r$ der verschiedenen Primzahlen eindeutig bestimmt. Es ist möglich, dass $r = 1$ ist. Dann ist $n$ eine Primzahlpotenz, $n = p^e$. Wenn dann noch $e = 1$ ist, ist $n = p$ eine Primzahl.

Die Exponenten der Primzahlen. Auch diese sind für jedes $n$ eindeutig bestimmt. Es ist möglich, dass $e_i = 1$ ist; dann kommt die entsprechende Primzahl $p_i$ nur in erster Potenz vor.

$$\mathbf{n = p_1^{e_1} \cdot p_2^{e_2} \cdot \ldots \cdot p_r^{e_r}}$$

Die Zahlen $p_1, p_2, \ldots, p_r$ sind verschiedene Primzahlen. Die Aussage ist, dass man jede natürliche Zahl $> 1$ als Produkt von Primzahlpotenzen schreiben kann. Für jedes $n$ sind die Primzahlen eindeutig bestimmt.

Das einzige, was variabel ist, ist die Reihenfolge der Primzahlen. Wenn man auch diese eindeutig machen möchte, kann man zum Beispiel fordern $p_1 < p_2 < \ldots < p_r$.

Der *Hauptsatz der elementaren Zahlentheorie* sagt, dass man jede natürliche Zahl $n > 1$ als Produkt von Primzahlpotenzen schreiben kann. Man kann das auch so ausdrücken: Jedes $n$ lässt sich als Produkt von Primzahlen schreiben (wobei dann eine Primzahl mehrfach vorkommen kann).

## Aufgaben, Tests, Herausforderungen

1. **Zerlegen Sie die folgenden Zahlen gemäß dem Hauptsatz der elementaren Zahlentheorie in Primzahlpotenzen:**
   - Die Anzahl der Stunden an einem Tag
   - Die Anzahl der Stunden in einer Woche
   - Die Anzahl der Sekunden in einer Stunde
   - Die Anzahl der Sekunden an einem Tag
   - Die Anzahl der Sekunden in 6 Wochen

2. **Zerlegen Sie die Zahlen 2!, 3!, 4!, …, 10! gemäß dem Hauptsatz der elementaren Zahlentheorie in Primzahlpotenzen.**

# 3.5 Division mit Rest

Faktor. Die Zahl $q$ gibt an, wie oft – ungefähr – $b$ in $a$ aufgeht.

Eine ganze Zahl a. Man interessiert sich dafür, welcher Rest sich bei Division von $a$ durch $b$ ergibt.

Man möchte $a$ durch eine ganze Zahl $b$ dividieren. Dazu muss $b \neq 0$ sein. Meist nimmt man $b > 0$ an. Das kann man stets erreichen, wenn man gegebenenfalls von $a$ auf $-a$ übergeht.

$$a = q \cdot b + r$$

Existenz durch Induktion nach $a$. *Eindeutigkeit*: Aus $a = qb+r$ und $a = q'b+r'$ folgt $b(q'-q) = r - r'$. Links steht ein Vielfaches von $b$, rechts eine Zahl, die kleiner als $b$ und größer als $-b$ ist. Das geht nur, wenn beide Seiten gleich 0 sind.

Der Rest. Eine Zahl zwischen 0 und $b-1$. Die Zahl $r$ ist also der kleinste nichtnegative Rest, der bei Divison von $a$ durch $b$ entsteht. Meistens ist $r \neq 0$.

Man kann zeigen, dass es für alle ganzen Zahlen $a$ und $b$ mit $b > 0$ stets eindeutige Zahlen $q$ und $r$ gibt mit $a = qb + r$ und $0 \leq r < b$.

Der Rest $r$, der ja durch $a$ und $b$ eindeutig bestimmt ist, wird oft mit $a \bmod b$ bezeichnet. Also: $a \bmod b$ ist stets eine nichtnegative ganze Zahl, nämlich der Rest, der sich bei Division von $a$ durch $b$ ergibt. „mod“ wird „modulo“ (Betonung auf der ersten Silbe) ausgesprochen.

## Aufgaben, Tests, Herausforderungen

**1. Bestimmen Sie die ganzen Zahlen $q$ und $r$ mit $a = qb + r$ und $0 \leq r < b$ für die folgenden Werte:**

- $a = 101$ und
- $b = 2, 3, 4, 5, 6, 7, 8, 9, 10$.

**2. Was ist …**

12 mod 5

237 mod 10

222 mod 11

1001 mod 11?

**3. Berechnen Sie (für natürliche Zahlen $n \geq 4$):**

$n+1 \bmod n$

$n(n+1) \bmod n$

$(n+2)^2 \bmod n$

$(n+1)(n-1) \bmod n$

$n-1 \bmod (n+1)$

$(n+2)^2 \bmod (n+1)$

$n^2 + n + 1 \bmod (n-1)$

$n^k - 1 \bmod (n-1)$

# 3.6 $\mathbf{Z}_n$

In $\mathbf{Z}_n$ liegen nur die natürlichen Zahlen zwischen 0 und n–1. Das heißt, $\mathbf{Z}_n$ hat genau n Elemente.

Eine natürliche Zahl ≥ 1.

$$\mathbf{Z}_n = \{0, 1, 2, 3, \ldots, n-1\}$$

Man kann die Zahlen in $\mathbf{Z}_n$ auch addieren und multiplizieren. Damit diese Operationen auch Verknüpfungen in $\mathbf{Z}_n$ sind, d.h. damit das jeweilige Ergebnis wieder in $\mathbf{Z}_n$ liegt, muss man „modulo n" rechnen. Das bedeutet: Die Summe (beziehungsweise das Produkt) zweier Zahlen $a, b \in \mathbf{Z}_n$ ist gleich $a + b \bmod n$ (beziehungsweise $a \cdot b \bmod n$). Üblicherweise benutzt man auch für die Addition beziehungsweise die Multiplikation in $\mathbf{Z}_n$ die Zeichen + und $\cdot$ .

## Aufgaben, Tests, Herausforderungen

1. **Stellen Sie die Additions- und Multiplikationstafeln für $\mathbf{Z}_4$ und $\mathbf{Z}_5$ auf.**

2. **Zeigen Sie folgende Eigenschaften von $\mathbf{Z}_n$:**
   - 0 ist ein neutrales Element bezüglich der Addition.
   - 1 ist ein neutrales Element bezüglich der Multiplikation.
   - Addition und Multiplikation sind kommutativ.

3. **Sei $a \in \mathbf{Z}_n$. Bestimmen Sie dasjenige Element $a' \in \mathbf{Z}_n$ mit $a + a' = 0$ („inverses Element bezüglich der Addition").**

4. **Machen Sie sich zumindest an Beispielen klar, dass auch das Assoziativgesetz bezüglich Addition und Multiplikation gilt.**

5. **Welche Elemente in $\mathbf{Z}_6$ haben ein multiplikatives Inverses?**

   - [ ] 1
   - [ ] 2
   - [ ] 3
   - [ ] 5

6. **Man bezeichnet die Menge der multiplikativ inversen Elemente von $\mathbf{Z}_n$ mit $\mathbf{Z}_n^*$.**
   - Bestimmen Sie die Elemente von $\mathbf{Z}_{15}^*$.
   - Bestimmen Sie die Elemente von $\mathbf{Z}_{13}^*$.

*Bemerkung*: $\mathbf{Z}_n$ ist zusammen mit der Addition und Multiplikation ein „kommutativer Ring mit Einselement". Das bedeutet, dass Addition und Multiplikation assoziativ und kommutativ sind, dass das Distributivgesetz gilt, dass es bezüglich der Addition und Multiplikation jeweils ein neutrales Element gibt und dass jedes Element ein additives Inverses hat.
Wenn auch jedes Element $\neq 0$ ein multiplikatives Inverses hat, dann ist $\mathbf{Z}_n$ ein „Körper". Dies ist genau dann der Fall, wenn $n$ eine Primzahl ist.

# 3.7 Rationale Zahlen

- **Eine rationale Zahl ist ein Bruch aus ganzen Zahlen.**
  Man glaubt, dass das schon die rationalen Zahlen beschreibt. Die Aussage sagt aber nur, dass rationale Zahlen irgendetwas mit ganzen Zahlen zu tun haben.
- **Eine rationale Zahl besteht aus Zähler und Nenner; der Zähler wird durch den Nenner geteilt.**
  Hier wird schon deutlicher, dass zwei ganze Zahlen eine Rolle spielen. Auch das Teilen einer ganzen Zahl durch eine andere ist eine gute Vorstellung einer rationalen Zahl.
- **Eine rationale Zahl $\frac{a}{b}$ entsteht, wenn man eine ganze Zahl $a$ durch eine andere ganze Zahl $b$ teilt. Dabei muss $b \neq 0$ sein.**
  Jetzt wird eine Bezeichnung eingeführt, die das Verhältnis von Zähler und Nenner zu der rationalen Zahl regelt.
- **Die rationale Zahl $\frac{a}{b}$ entsteht auch, wenn man $za$ durch $zb$ teilt (für alle $z \in \mathbf{Z}\setminus\{0\}$). Das heißt, es gilt $\frac{a}{b} = \frac{za}{zb}$ .**
  Hier wird etwas thematisiert, was gleichzeitig ein Problem und ein Vorteil bei rationalen Zahlen ist: Ein und dieselbe rationale Zahl kann durch viele Brüche dargestellt werden.
- **Eine rationale Zahl $\frac{a}{b}$ entspricht allen Paaren $(a', b')$ aus ganzen Zahlen mit $a/b = a'/b'$.**
  Das ist schon fast perfekt. Man muss nur die Bedingung $a/b = a'/b'$ so umschreiben, dass darin kein Bruch vorkommt.
- **Eine rationale Zahl $\frac{a}{b}$ $(b \neq 0)$ entspricht der Menge aller Paare $(a',b')$ ganzer Zahlen (mit $b' \neq 0$) mit der Eigenschaft, dass $ab' = a'b$ ist.**
  Wenn man jetzt noch statt „entspricht" einfach „ist" sagt, sind die Mathematiker glücklich.
- **Man definiert auf den Paaren $(a, b)$ ganzer Zahlen mit $b \neq 0$ eine Relation $\sim$ durch $(a, b) \sim (a', b') \Leftrightarrow ab' = ba'$. Dies ist eine Äquivalenzrelation. Deren Äquivalenzklassen sind die rationalen Zahlen.**
  Das ist die ultimative Beschreibung. Man wird sie aber erst verstehen, wenn man sich durch die vorigen durchgekämpft hat.

## Aufgaben, Tests, Herausforderungen

1. **Richtig oder falsch?** $\mathbf{\frac{5}{7}}$ =

   - ☐ $\frac{5000}{7000}$
   - ☐ $\frac{-5555}{-7777}$
   - ☐ $-\frac{5555}{7777}$
   - ☐ $-\frac{7777}{5555}$

2. **Richtig oder falsch? Zwei rationale Zahlen** $\mathbf{\frac{a}{b}}$ **und** $\mathbf{\frac{a'}{b'}}$ **sind genau dann gleich, wenn gilt:**

   - ☐ $a = a'$ und $b = b'$
   - ☐ $a' = za$ und $b' = zb$ für ein $z \in \mathbf{Z}$
   - ☐ $a' = za$ und $b' = zb$ für ein $z \in \mathbf{Z} \setminus \{0\}$
   - ☐ $a' = ra$ und $b' = rb$ für ein $r \in \mathbf{Q} \setminus \{0\}$

*Bemerkung*. Die Bezeichnung „rationale“ Zahl kommt von dem lateinischen Wort ratio = Verhältnis.

# 3.8 Addition von rationalen Zahlen

*Addition* von zwei Bruchzahlen. Von der Vorstellung her einfach: Man interpretiert die beiden Bruchzahlen als Größen irgendeiner Sache, stellt die entsprechenden Anteile her und legt dann die beiden Stücke zusammen. Zum Beispiel 1/4 + 1/3: Man legt eine Viertelpizza und eine Drittelpizza zusammen; das, was so entstanden ist, ist (1/4 + 1/3) einer Pizza.

$$\frac{a}{b} + \frac{a'}{b'} = \frac{ab' + a'b}{bb'}$$

Die beiden Nenner. Wenn diese gleich sind (man nennt die Brüche dann „gleichnamig"), ist die Formel für die Addition einfach:

$\frac{a}{b} + \frac{a'}{b} = \frac{a + a'}{b}$.

Im Beispiel wird es noch deutlicher: 2 Achtel plus 3 Achtel gibt 5 Achtel. Das ist so wie „2 Äpfel plus 3 Äpfel gleich 5 Äpfel".

Man kann die Formel einsehen, wenn man einen Schritt dazwischenschaltet. Da man zunächst nur gleichnamige Brüche addieren kann, macht man die beiden Brüche gleichnamig: Den ersten Bruch erweitert man mit b': $\frac{a}{b} = \frac{ab'}{bb'}$

und den zweiten mit b: $\frac{a'}{b'} = \frac{a'b}{b'b}$ .

Jetzt ist es keine Kunst mehr, die Brüche zu addieren:

$\frac{ab'}{bb'} + \frac{a'b}{b'b} = \frac{ab' + a'b}{bb'}$.

## Aufgaben, Tests, Herausforderungen

1. **Berechnen Sie**

$$\frac{1}{n} + \frac{1}{n+1}$$

$$\frac{1}{n} - \frac{1}{n+1}.$$

2. **Beweisen Sie, dass die Addition rationaler Zahlen „wohldefiniert" ist. Das bedeutet u.a. Folgendes:**

**Wenn** $\frac{a^*}{b^*}$ **ein zu** $\frac{a}{b}$ **äquivalenter Bruch ist, dann gilt**

$$\frac{a}{b} + \frac{a'}{b'} = \frac{a^*}{b^*} + \frac{a'}{b'}.$$

3. **Beweisen Sie, dass die Addition rationaler Zahlen assoziativ ist, das heißt, dass für je drei rationale Zahlen r, s, t gilt (r+s)+t = r+(s+t).**

4. **Erinnern Sie sich an die Definition der Multiplikation rationaler Zahlen** $\frac{a}{b} \cdot \frac{a'}{b'} := \frac{aa'}{bb'}$. **Ist die Multiplikation wohldefiniert?**

5. **Beweisen Sie das Distributivgesetz für rationale Zahlen. Das bedeutet: Für je drei rationale Zahlen r, s, t gilt r(s+t) = rs + rt.**

# 3.9 Supremum

- **Das Supremum einer Menge reeller Zahlen ist quasi ihr Maximum.**
  „ist quasi ...“ deutet zumindest in der Mathematik darauf hin, dass man nicht genau weiß, wovon man redet.
- **Das Supremum wäre das Maximum, wenn es ein Maximum gäbe.**
  Ja, wenn eine Menge reeller Zahlen ein Maximum hat, dann ist das Maximum gleich dem Supremum. Für diesen Fall bräuchte man keinen neuen Begriff zu definieren. Man könnte es einfach Maximum nennen. Die Schwierigkeit liegt bei den Mengen, die kein Maximum haben.
- **Wenn eine Menge reeller Zahlen kein Maximum hat, dann liegt das Supremum nicht mehr in der Menge, sondern so knapp wie möglich über der Menge.**
  „so knapp wie möglich“ ist zwar schon eine gute Vorstellung, aber mit dieser Formulierung kann man noch nicht arbeiten.
- **Das Supremum einer Menge $M$ reeller Zahlen liegt knapp über der Menge, und zwar so, dass zwischen die Menge und das Supremum nichts mehr passt.**
  Man nennt die Zahlen, die „über M liegen“, also die Zahlen, die größer gleich jedem Element von $M$ sind, „obere Schranken“ von $M$. Beschränkte Mengen habe unendlich viele obere Schranken. Diese Formulierung sagt, dass das Supremum eine obere Schranke ist, und zwar eine, die so klein ist, dass zwischen sie und die Menge nichts mehr passt.
- **Das Supremum ist eine möglichst kleine obere Schranke.**
  Insbesondere kann es keine kleinere obere Schranke geben.
- **Das Supremum einer Menge $M$ reeller Zahlen ist die kleinste obere Schranke von $M$ (ist unter den oberen Schranken die kleinste).**
  Das ist vollkommen richtig. Der Begriff „Supremum“ („kleinste obere Schranke“) ist deswegen schwierig, weil hier „klein“ und „groß“ in komplizierter Weise zusammenkommen.

## Aufgaben, Tests, Herausforderungen

1. **Welche der folgenden Mengen hat ein Maximum?**

   ☐ **N**

   ☐ $\{x \in \mathbf{R} \mid x < 10\}$

   ☐ $\{x \in \mathbf{R} \mid x > 10\}$

   ☐ $\{x \in \mathbf{R} \mid x \leq 10\}$

2. **Welche der folgenden Mengen hat das Supremum 2?**

   ☐ $\{x \in \mathbf{R} \mid x \leq 2\}$

   ☐ $\{x \in \mathbf{R} \mid x < 2\}$

   ☐ $\{x \in \mathbf{R} \mid x < 1{,}9\}$

   ☐ $\{x \in \mathbf{R} \mid x^2 < 4\}$

3. **Definieren Sie den Begriff „Infimum“. (Übrigens: Betonung auf der ersten Silbe: *In*fimum. Im Gegensatz zu Su*pre*mum, wo die Betonung auf der vorletzten Silbe liegt.)**

# 3.10 Zahlbereiche

3 ist eine natürliche Zahl. Die Menge der natürlichen Zahlen wird mit **N** bezeichnet: **N** = {0, 1, 2, 3, …}

–4 ist eine ganze Zahl. Zu den natürlichen Zahlen kommen die negativen ganzen Zahlen hinzu. Die Menge der ganzen Zahlen wird mit **Z** bezeichnet: **Z** = {…, –3, –2, –1, 0, 1, 2, 3, …}

**3**

**–4**

**7/13**

**0,3131313 …**

**3,1415962 …**

7/13 ist eine rationale Zahl. Die rationalen Zahlen sind die Bruchzahlen. Jede ganze Zahl ist auch eine rationale Zahl. Die Menge der rationalen Zahlen wird mit **Q** bezeichnet: **Q** = {p/q | p, q ∈ **Z**, q ≠ 0}.

Auch dies ist eine rationale Zahl. Jeder abbrechende Dezimalbruch ist eine rationale Zahl, aber auch jeder periodische Dezimalbruch.

Dies ist eine reelle Zahl. Reelle Zahlen kann man sich als Dezimalbrüche vorstellen: Abbrechende Dezimalbrüche, unendliche periodische Dezimalbrüche (eventuell mit Vorperiode) und unendliche nichtperiodische Dezimalbrüche. Die Menge der reellen Zahlen wird mit **R** bezeichnet.
Man kann die reellen Zahlen auch konstruieren, indem man zu den rationalen Zahlen alle Grenzwerte von Cauchyfolgen hinzunimmt. Ein Zahlbereich, in dem jede Cauchyfolge konvergiert, wird „vollständig" genannt. Daher kann man die reellen Zahlen als vollständigen angeordneten Körper beschreiben.
Eine andere Charakterisierung der Vollständigkeit lautet, dass jede nach oben beschränkte Menge ein Supremum besitzt. Auch das ist nicht selbstverständlich, sondern man muss es axiomatisch fordern.

## Aufgaben, Tests, Herausforderungen

**1. Welche der folgenden reellen Zahlen sind rational?**

- [ ] 0,175
- [ ] 55/89
- [ ] $\sqrt{3}$
- [ ] $\sqrt{3} + 1$
- [ ] $5\sqrt{3}$
- [ ] $(\sqrt{5} + 1)/2$
- [ ] $\pi$
- [ ] $\pi^2$

**2. Welche der folgenden rationalen Zahlen haben einen endlichen Dezimalbruch?**

- [ ] 1/2
- [ ] 1/3
- [ ] 1/4
- [ ] 1/5
- [ ] 1/6
- [ ] 1/12
- [ ] 1/20

**3. Können Sie allgemein formulieren, wie man am Nenner eines Bruches ablesen kann, ob der zugehörige Dezimalbruch abbrechend ist?**

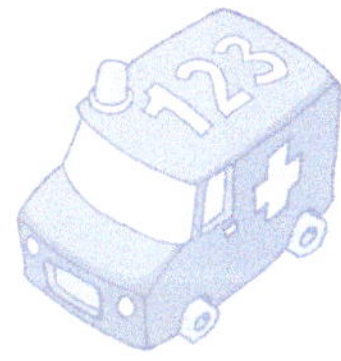

# 3.11 i

- **i ist die Wurzel aus –1**
  Das ist eine abkürzende Sprechweise, mit der man so noch nichts anfangen kann.
- **i ist diejenige Zahl, deren Quadrat –1 ist.**
  Diese Formulierung macht das Paradox klar: Es gibt jedenfalls keine reelle Zahl deren Quadrat negativ ist. Was bedeutet dann „Zahl“? Außerdem gefällt mir hier das Wort „diejenige“ nicht. Wenn es ein solches i geben sollte, dann hat auch –i die Eigenschaft, dass das Quadrat gleich –1 ist.
- **i ist die Lösung der Gleichung $x^2 = -1$**
  Hier wird der historische Ursprung thematisiert. Man möchte Gleichungen lösen. Viele quadratische Gleichungen haben reelle Lösungen, viele aber auch nicht. Wenn man auch diese lösen möchte, muss man eine neue Art von Zahlen einführen.
- **i ist die Lösung der Gleichung $x^2 + 1 = 0$**
  Umformulierung.
- **i ist die imaginäre Einheit, die zu der reellen Einheit 1 hinzukommt; es gilt $i^2 = -1$.**
  Jetzt wird zum ersten Mal deutlich, dass „etwas hinzukommt“. Die Zahl i ist der Prototyp einer der „komplexen Zahlen“, die die reellen substantiell erweitern.
- **Die reellen Zahlen werden erweitert zu den komplexen Zahlen; diese haben die Form a + bi, wobei a und b reelle Zahlen sind. Die Zahl a heißt Realteil, b Imaginärteil. Komplexe Zahlen werden so multipliziert: $(a+bi) \cdot (a'+b'i) = (aa' - bb') + (ab' + a'b)i$. Insbesondere gilt $i \cdot i = -1$ $(a = a' = 0, b = b' = 1)$.**
  Das ist schon fast die Definition der komplexen Zahlen. Wenn man die Existenz von i akzeptiert, ist damit alles klar.
- **Wir betrachten die Menge aller Paare (a, b) reeller Zahlen. Jedes solche Paar wird komplexe Zahl genannt. Diese werden wie folgt addiert und multipliziert: $(a, b) + (a', b') := (a+a', b+b')$ und $(a, b)\cdot(a', b') := (aa' - bb', ab' + a'b)$. Die komplexen Zahlen (a, 0) mit Imaginärteil Null werden mit den reellen Zahlen a identifiziert. Wenn man definiert $i := (0,1)$, dann folgt $i \cdot i = (0,1)\cdot(0,1) = (-1, 0)$. Wegen $(a, b) = a\cdot(1,0) + b\cdot(0,1) = a\cdot 1 + b\cdot i = a + bi$ darf man statt (a, b) auch a +bi schreiben.**
  Hier wird nun klar und nüchtern (allerdings auch unanschaulich) definiert, was komplexe Zahlen „sind“. Das hat einen riesigen Vorteil: Die mysteriöse „imaginäre Einheit i“ ist einfach das Zahlenpaar (0, 1). Insofern stellt sich jetzt die Frage nicht mehr, ob i existiert.

## Aufgaben, Tests, Herausforderungen

1. **Zeigen Sie mit Hilfe der formalen Definition der komplexen Zahlen das Kommutativgesetz: $(a, b)\cdot(c, d) = (c, d)\cdot(a, b)$ für alle komplexen Zahlen $(a, b)$ und $(c, d)$.**

2. **Bestimmen Sie folgende komplexen Zahlen:**

   $\sqrt{i}$ (Ansatz: $(a+bi)^2 = i$)

   $\sqrt{i+1}$

   $\sqrt[3]{i}$

   $\sqrt[3]{i^2}$

3. **Zeigen Sie, dass jede komplexe Zahl $a+bi$, die ungleich Null ist, eine multiplikativ Inverse hat, das heißt eine komplexe Zahl $c+di$ mit $(a+bi)\cdot(c+di) = 1$. Bestimmen Sie $c+di$. An welcher Stelle benutzen Sie, dass $a+bi \neq 0$ ist?**

# 4 Relationen

Äquivalenzklassen

Äquivalenzrelation

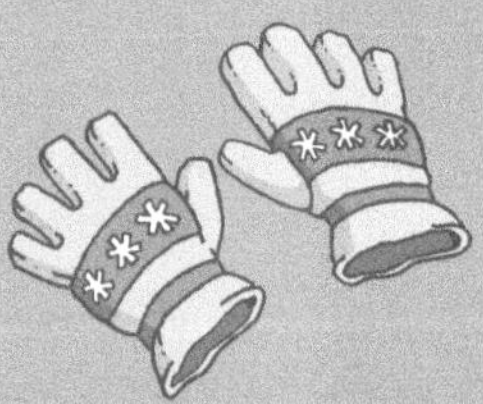

# 4.1 Äquivalenzklassen

Wir bezeichnen die Äquivalenz mit dem Zeichen $\sim$, das heißt, wir schreiben $a \sim b$ für die Tatsache, dass zwei Elemente a und b in derselben Äquivalenzklasse liegen.
Damit wird eine Relation definiert. Das bedeutet, dass gewisse Paare (a, b) in der Relation stehen (wofür man dann $a \sim b$ schreibt), und andere Paare nicht.

Jedes Element der gesamten Menge kommt in genau einer Äquivalenzklasse vor. Mathematisch drückt man das auch so aus. Die *Äquivalenzklassen* bilden insgesamt eine „Partition" der Gesamtmenge. Das bedeutet dreierlei:

- Die Vereinigung aller Äquivalenzklassen ist gleich der Gesamtmenge M.
- Je zwei verschiedene Äquivalenzklassen sind disjunkt.
- Keine Äquivalenzklasse ist die leere Menge.

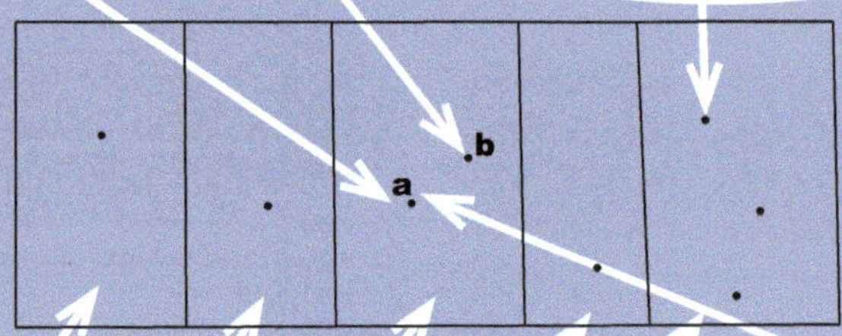


Dies sind die Äquivalenzklassen. In einer Äquivalenzklasse fasst man ähnliche („äquivalente") Objekte zusammen.
Die Hoffnung bei diesem Vorgehen ist, dass man nicht jedes Objekt einzeln behandeln muss, sondern alle Elemente einer Äquivalenzklasse pauschal bearbeiten kann.

Da in der Äquivalenzklasse, die a enthält, genau die Elemente liegen, die zu a äquivalent sind, kann man die Äquivalenzklasse K(a), die das Element a enthält, so beschreiben:
$K(a) = \{x \in M \mid x \sim a\}$.

Wenn man die Relation $\sim$ über die Äquivalenzklassen einer Menge M einführt, dann ergeben sich folgende Eigenschaften der Relation $\sim$ automatisch:
(R) $x \sim x$ für alle $x \in M$ („Reflexivität")
(S) $x \sim y \Leftrightarrow y \sim x$ für alle $x, y \in M$ („Symmetrie")
(T) $x \sim y$ und $y \sim z \Rightarrow x \sim z$ für alle $x, y, z \in M$ („Transitivität")
(Die Begründungen sind offensichtlich:
$x \sim x$ bedeutet nur, dass jedes Element in seiner eigenen Äquivalenzklasse liegt.)

Die Symmetrie bedeutet: Wenn y in der Äquivalenzklasse von x liegt, dann liegt x in der Äquivalenzklasse von y (denn beide Male handelt es sich um die gleiche Äquivalenzklasse).
Die Transitivität sagt nur: Wenn y sowohl in K(x) als auch in K(z) liegt, dann ist K(x) = K(z), insbesondere gilt dann $x \sim z$.
Eine Relation, die (R) (S) und (T) erfüllt, nennt man eine *Äquivalenzrelation*.

## Aufgaben, Tests, Herausforderungen

1. **Sei M die Menge der Einwohner Deutschlands. Im Folgenden sind einige Einteilungen in Äquivalenzklassen angegeben. Beschreiben Sie die zugehörige Relation nach dem Modell „zwei Menschen sind in der Relation $\sim$ genau dann, wenn … “: Die Menschen werden eingeteilt nach**

   - ihrem ersten Wohnsitz,
   - ihrem Jahreseinkommen,
   - ihrer Köpergröße,
   - der Anzahl ihrer Kinder.

2. **Im Folgenden wird die Menge Z aller ganzen Zahlen in Äquivalenzklassen eingeteilt. Beschreiben Sie die zugehörige Äquivalenzrelation.**

   - Menge der geraden Zahlen – Menge der ungeraden Zahlen
   - Menge der durch 3 teilbaren Zahlen – Menge der Zahlen, die bei Division durch 3 den Rest 1 ergeben – Menge der Zahlen, die bei Division durch 3 den Rest 2 ergeben
   - Menge der negativen Zahlen – Menge der nichtnegativen Zahlen

# 4.2 Äquivalenzrelation

- Mit einer Äquivalenzrelation werden ähnliche („äquivalente") Objekte in Beziehung gebracht. Wenn zwei Objekte a und b in dieser Beziehung stehen, schreibt man dafür $a \sim b$.
  Das ist das Grobkonzept.
- Bei einer Äquivalenzrelation soll es so sein, dass jedes von zwei äquivalenten Elementen die gleiche Rolle spielt. Das bedeutet, dass die Welt von zwei äquivalenten Elementen aus gesehen gleich aussieht.
  Wenn man „die gleiche Rolle spielen" richtig interpretiert, beschreibt dies in der Tat eine Äquivalenzrelation.
- Bei einer Äquivalenzrelation spielen je zwei äquivalente Elemente sowohl gegenüber einander als auch gegenüber den anderen Elementen die gleiche Rolle.
  Diese Unterscheidung lässt schon die Eigenschaften „Symmetrie" und „Transitivität" vorausahnen.
- Die „gleiche Rolle gegenüber einander" kann so verstanden werden: Je zwei Elemente haben eine symmetrische Beziehung: Wenn $a \sim b$ gilt, dann gilt auch $b \sim a$, und umgekehrt.
  Das ist die Definition der Symmetrie.
- Die Forderung, dass a und b auch die gleiche Rolle gegenüber jedem anderen Element spielen sollen, kann wie folgt formuliert werden: Seien a und b äquivalente Elemente, das heißt $a \sim b$. Dann gilt erstens auch $b \sim a$, und zweitens gilt für jedes andere Element c: $c \sim a \Leftrightarrow c \sim b$.
  Das ist die Definition der Transitivität.
- Eine Äquivalenzrelation auf einer Menge M ist eine Relation $\sim$, welche die folgenden Eigenschaften hat:
  (Reflexivität) $a \sim a$ für alle $a \in M$
  (Symmetrie): $a \sim b \Rightarrow b \sim a$ für alle $a, b \in M$
  (Transitivität) $a \sim b$ und $b \sim c \Rightarrow a \sim c$ für alle $a, b, c \in M$.
  Das ist die formal korrekte Definition. Schauen Sie aber noch einmal zurück und verfolgen Sie, wie sich aus der Vorstellung, dass a und b „die gleiche Rolle spielen", die Symmetrie und insbesondere die Transitivität „ergibt".

## Aufgaben, Tests, Herausforderungen

**1. Im Folgenden definieren wir einige Relationen auf der Menge aller Deutschen. Welche sind Äquivalenzrelationen? Wir definieren: a ~ b genau dann, wenn**

- ☐ a und b per Du sind
- ☐ a ein Kind von b ist
- ☐ a die Person b kennt
- ☐ a verwandt mit b ist
- ☐ a die Person b nicht kennt
- ☐ a die gleiche Haarfarbe wie b hat

**2. Im Folgenden werden einige Relationen auf $\mathbb{Z}$ definiert. Welche sind Äquivalenzrelationen? Wir definieren: a ~ b genau dann, wenn**

- ☐ a + b eine gerade Zahl ist
- ☐ a + b eine durch 6 teilbare Zahl ist
- ☐ a – b eine gerade Zahl ist
- ☐ a – b bei Division durch 6 den Rest 2 hat
- ☐ a – b eine ungerade Zahl ist
- ☐ a · b eine gerade Zahl ist
- ☐ a – b eine durch 6 teilbare Zahl ist
- ☐ a · b eine nichtnegative Zahl ist

**3. Wie viele Äquivalenzklassen haben die folgenden Äquivalenzrelationen auf $\mathbb{Z}$?**

$a \sim b \Leftrightarrow a - b$ ist eine gerade Zahl

$a \sim b \Leftrightarrow a - b$ ist eine Zehnerzahl

$a \sim b \Leftrightarrow a \cdot b$ ist eine positive Zahl

*Bemerkung:* Die Einteilung einer Menge in Äquivalenzklassen stellt eine „globale Sicht" dar. Demgegenüber akzentuiert eine Äquivalenzrelation einen „lokalen Standpunkt": Man kann nur von je zwei Elementen sagen, ob sie äquivalent sind oder nicht. Interessanterweise kann man aber aus einer Äquivalenzrelation die Äquivalenzklassen rekonstruieren:

**4. Sei M eine Menge mit einer Äquivalenzrelation ~. Für jedes $a \in M$ definiert man die „Äquivalenzklasse von a" durch $K(a) := \{b \in M \mid b \sim a\}$. Beweisen Sie, dass die Mengen K(a) eine Einteilung von M in Äquivalenzklassen bilden. (Dazu muss man zeigen: Wenn K(a) und K(b) auch nur ein Element gemeinsam haben, gilt schon K(a) = K(b).)**

# 5 Abbildungen

Abbildung

injektiv

surjektiv

bijektiv

Verknüpfung

Inverse Abbildung

Permutation

Zyklenschreibweise

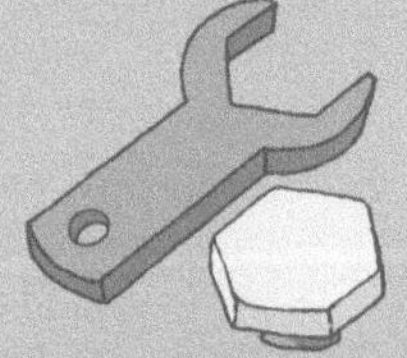

# 5.1 Abbildung

- Eine Abbildung ist eine Vorschrift, die jedem x ein y zuordnet.
  Hier ist schon das Wort „Vorschrift" schlecht, weil wir uns darunter zu viel vorstellen, zum Beispiel eine Formel. Abbildungen sind aber viel allgemeiner.
- Eine Abbildung ordnet jedem Element des Definitionsbereichs ein Element des Wertebereichs zu.
  Das ist nicht falsch, gibt aber den Begriff einer Abbildung nur unpräzise wieder.
- Eine Abbildung ordnet jedem Element des Definitionsbereichs genau ein Element des Wertebereichs zu.
  Das ist eine korrekte Formulierung.
- Eine Abbildung $f: X \to Y$ ordnet jedem $x \in X$ genau ein $y \in Y$ zu.
  Zu der vorigen Formulierung kommen jetzt noch die Bezeichnungen für den Definitions- und den Wertebereich sowie für die Abbildung hinzu.
- Eine Abbildung $f: X \to Y$ ordnet jedem Element $x$ des Definitionsbereichs $X$ genau ein Element des Wertebereichs $Y$ zu; dieses bezeichnen wir mit $f(x)$.
  Das ist die klassische Definition, wie man sie in vielen Büchern finden kann.
  Da das Bild von $x$ eindeutig ist, können wir es bezeichnen, die Bezeichnung ist $f(x)$.
- Eine Abbildung $f: X \to Y$ kann durch die Menge der Urbild-Bild-Paare, also der Paare $(x,y)$ mit $y = f(x)$ beschrieben werden, wobei jedes Urbild genau ein Bild hat.
  Diese Beschreibung schlägt die Brücke zur nächsten, formalen Definition einer Abbildung.
- Eine Abbildung $f: X \to Y$ entspricht einer Teilmenge $A$ von $X \times Y$ mit folgenden Eigenschaften:
  Für alle $x \in X$ gibt es ein $y \in Y$ mit $(x,y) \in A$ (Existenz eines Bildes)
  Wenn $(x,y) \in A$ und $(x,y') \in A$, dann ist $y = y'$ (Eindeutigkeit des Bildes)
  Die erste Bedingung beschreibt, dass jedes $x \in X$ ein Bild hat; die zweite Bedingung sichert die Eindeutigkeit des Bildes von $x$. Statt „entspricht" sagt man noch besser „ist".
- *Beispiel.* Vor allem bei Abbildungen mit endlichem Definitions- und Wertebereich stellt man die Abbildung gerne durch Pfeile dar: Seien $X = \{1, 2, 3\}$ und $Y = \{a, b, c\}$. Dann kann man die Abbildung $f$, die definiert ist durch $f(1) := b$, $f(2) := c$, $f(3) := a$ auch so darstellen:

  1 • → • a
  2 • → • b
  3 • → • c

## Aufgaben, Tests, Herausforderungen

1. **Welche der folgenden „Zuordnungen“ sind Abbildungen?** (stets (s) /kommt drauf an (k)/ nie (n))

   ☐ Kind $\mapsto$ Vater

   ☐ Mutter $\mapsto$ Kind

   ☐ Mensch $\mapsto$ Körpergröße

   ☐ Körpergewicht $\mapsto$ Mensch

   ☐ Mensch $\mapsto$ Telefonnummer

2. **Stellen Sie mit Hilfe der Pfeildarstellung alle Abbildungen von $X = \{1, 2, 3\}$ nach $Y = \{a, b\}$ dar.**

3. **Wie viele Abbildungen von $X = \{1, 2, 3, 4\}$ nach $Y = \{a, b\}$ gibt es?**

4. **Wie viele Abbildungen von $X$ nach $Y$ gibt es, wenn $X$ genau $n$ und $Y$ genau $m$ Elemente hat?**

5. **Welche der folgenden „Zuordnungen” von $\mathbb{N}$ in sich sind Abbildungen?**

   ☐ $n \mapsto$ Primfaktor von $n$

   ☐ $n \mapsto$ größte Primzahl, die $n$ teilt

   ☐ $n \mapsto$ kleinste Quadratzahl $\geq n$

   ☐ $n \mapsto$ ein Vielfaches von $n$

   ☐ $n \mapsto$ das Dreifache von $n$

6. **Durch welche der folgenden Ausdrücke wird eine Abbildung von $\mathbb{R}$ nach $\mathbb{R}$ definiert?**

   ☐ $f(x) =$ ganzzahliger Teil von $x$ (die „Zahl vor dem Komma”)

   ☐ $f(x) = \sqrt{1 - x^2}$

   ☐ $f(x) = x \pm 1$

   ☐ $f(x) =$ 7. Stelle nach dem Komma von $x$

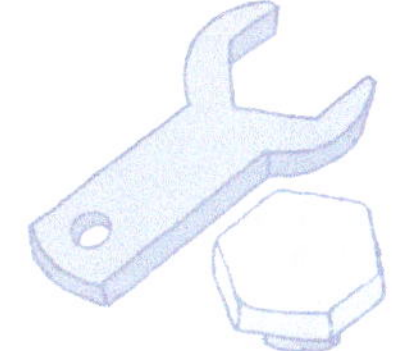

# 5.2 injektiv

- **Eine Abbildung ist injektiv, wenn bei jedem Element des Wertebereichs höchstens ein Pfeil endet.**
  Hier wird stillschweigend angenommen, dass die Abbildung durch Pfeile definiert ist: Die Vorstellung ist gut, allerdings kann man damit in der Regel noch nicht arbeiten.
- **Eine Abbildung ist injektiv, wenn keine zwei verschiedenen Urbilder das gleiche Bild haben.**
  Sagt das Gleiche wie die vorige Aussage, aber ohne Verwendung der „Pfeilsprache".
- **Eine Abbildung ist injektiv, wenn die Urbilder eindeutig sind.**
  Die gleiche Aussage, diesmal aus Blickrichtung der Bilder.
- **Eine Abbildung ist injektiv, wenn aus $x \neq x'$ folgt, dass auch die Bilder von $x$ und $x'$ verschieden sind.**
  Erste Einführung von Bezeichnungen; das ist aber noch nicht ausreichend.
- **Eine Abbildung $f$ ist injektiv, wenn aus $x \neq x'$ folgt, dass $f(x) \neq f(x')$ ist.**
  Durch Einführung der Bezeichnung $f$ für die Abbildung wird die vorige Formulierung präziser.
- **Eine Abbildung $f$ ist injektiv, falls aus $f(x) = f(x')$ folgt, dass auch $x = x'$ sein muss.**
  Das ist zwar „nur" die Kontraposition der vorigen Formulierung, aber erfahrungsgemäß ist diese Aussage schwer zu verstehen. Dieser Wechsel des Standpunkts ist allerdings für das praktische Arbeiten enorm wichtig, da man mit der Aussage „$f(x') = f(x)$" viel besser arbeiten kann als mit der Aussage „$x' \neq x$".
- **Eine Abbildung $f$ ist injektiv, falls Elemente nur dann das gleiche Bild haben, wenn sie gleich sind.**
  Sagt in weniger formaler Weise das Gleiche wie die vorige Formulierung und ist schwerer verständlich.
- **Eine Abbildung $f: X \to Y$ ist injektiv, falls für alle $x, x' \in X$ gilt: $f(x) = f(x') \Rightarrow x = x'$.**
  Das ist die Definition, mit der man mathematisch arbeiten kann.

## Aufgaben, Tests, Herausforderungen

1. **Welche der folgenden Zuordnungen ist injektiv?** (stets (s) /kommt drauf an (k)/ nie (n))

   ☐ Kind $\mapsto$ Vater

   ☐ Stadt in Deutschland $\mapsto$ PLZ

   ☐ Berg $\mapsto$ Gipfelhöhe

   ☐ Bürger der BRD über 18 $\mapsto$ Nummer des Personalausweises

   ☐ Mensch $\mapsto$ Einkommen im Jahr 2010

2. **Wie viele injektive Abbildungen gibt es von $X = \{1, 2\}$ nach $Y = \{a, b\ c\}$?**

3. **Wenn es eine injektive Abbildung der Menge $X$ in die endliche Menge $Y$ gibt, wie verhalten sich dann die Mächtigkeiten von $X$ und $Y$?**

4. **Welche der folgenden Abbildungen von $\mathbf{N}$ in sich ist injektiv?**

   ☐ n $\mapsto$ nächstgrößere Primzahl

   ☐ n $\mapsto$ größte Primzahl, die n teilt

   ☐ n $\mapsto$ nächstgrößere natürliche Zahl

   ☐ n $\mapsto$ größte Quadratzahl $\leq$ n

5. **Welche der folgenden Abbildungen $f$ von $\mathbf{R}$ in sich ist injektiv?**

   ☐ $f(x) = x^3$ ☐ $f(x) = x^4$

   ☐ $f(x) = \sin(x)$ ☐ $f(x) = \tan(x)$

   ☐ $f(x) = e^x$ ☐ $f(x) = e^{-x^2}$

6. **Wie sieht man dem Graphen einer Funktion von $\mathbf{R}$ nach $\mathbf{R}$ an, dass sie injektiv ist?**

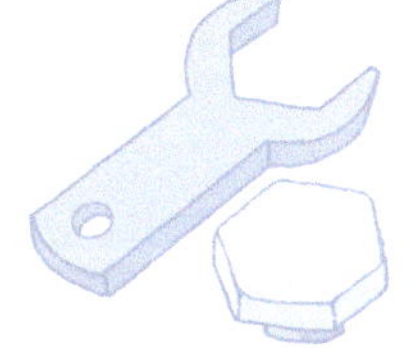

# 5.3 surjektiv

- **Eine Abbildung ist surjektiv, wenn bei jedem Element des Wertebereichs mindestens ein Pfeil endet.**
  Gute Vorstellung. Hier wird vorausgesetzt, dass die Abbildung durch Pfeile definiert ist.
- **Eine Abbildung ist surjektiv, wenn jedes Element des Wertebereichs ein Urbild hat.**
  Sagt das Gleiche wie die vorige Formulierung, ohne Verwendung der „Pfeilsprache".
- **Eine Abbildung ist surjektiv, wenn es zu jedem Element $y$ des Wertebereichs ein $x$ aus dem Definitionsbereich gibt, das auf $y$ abgebildet wird.**
  Erste Einführung von Bezeichnungen.
- **Eine Abbildung $f$ ist surjektiv, wenn es zu jedem $y$ ein $x$ gibt mit $f(x) = y$.**
  Durch Einführung der Bezeichnung $f$ für die Abbildung wird die vorige Formulierung erheblich präziser.
- **Eine Abbildung $f: X \to Y$ ist surjektiv, falls es für jedes $y \in Y$ mindestens ein $x \in X$ gibt mit $f(x) = y$.**
  Das ist die Definition, mit der man mathematisch arbeiten kann. Hier steht genau, was man tun muss, wenn man nachweisen will, dass eine Abbildung surjektiv ist.

## Aufgaben, Tests, Herausforderungen

1. **Geben Sie bei den folgenden Abbildungen eine „offensichtliche“ Wertemenge $Y$ an, für die die Abbildung nicht surjektiv ist, und geben Sie eine Wertemenge $Y$ an, für die $f$ surjektiv ist.**

   Kind $\mapsto$ Vater

   Stadt in Deutschland $\mapsto$ Postleitzahl

   Berg $\mapsto$ Gipfelhöhe

   Mensch $\mapsto$ Haarfarbe

2. **Wie viele surjektive Abbildungen gibt es von $X = \{1, 2, 3\}$ nach $Y = \{a, b\}$?**

3. **Wenn es eine surjektive Abbildung der endlichen Menge $X$ in die Menge $Y$ gibt, wie verhalten sich dann die Mächtigkeiten von $X$ und $Y$?**

4. **Welche der folgenden Abbildungen von $\mathbf{Z}$ in sich ist surjektiv?**

   ☐ $n \mapsto$ nächstgrößere Primzahl

   ☐ $n \mapsto$ nächstgrößere ganze Zahl

   ☐ $n \mapsto n+1000$

   ☐ $n \mapsto n^2$

5. **Welche der folgenden Abbildungen $f$ von $\mathbf{R}$ in sich ist surjektiv?**

   ☐ $f(x) = x^2$ ☐ $f(x) = x^3$

   ☐ $f(x) = \sin(x)$ ☐ $f(x) = \tan(x)$

   ☐ $f(x) = e^x$ ☐ $f(x) = e^{-x^2}$

6. **Wie sieht man dem Graph einer Funktion von $\mathbf{R}$ nach $\mathbf{R}$ an, dass sie surjektiv ist?**

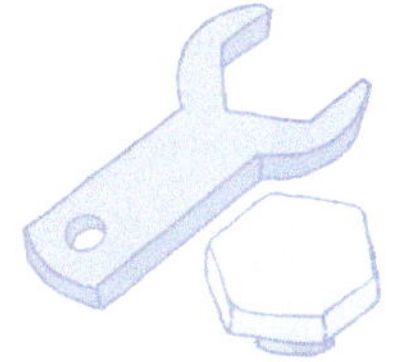

# 5.4 bijektiv

- **Eine Abbildung ist bijektiv, wenn bei jedem Element des Wertebereichs genau ein Pfeil ankommt.**
  Gute Vorstellung, in „Pfeilsprache" ausgedrückt.
- **Eine Abbildung ist bijektiv, wenn jedes Element des Wertebereichs genau ein Urbild hat.**
  Sagt das Gleiche wie die vorige Formulierung, ohne Verwendung der „Pfeilsprache".
- **Eine Abbildung ist bijektiv, wenn es zu jedem Element $y$ des Wertebereichs genau ein $x$ aus dem Definitionsbereich gibt, das auf $y$ abgebildet wird.**
  Erste Einführung von Bezeichnungen. Eine Formulierung, mit der man mathematisch schon arbeiten kann.
- **Eine Abbildung $f$ ist bijektiv, wenn es zu jedem $y$ genau ein $x$ gibt mit $f(x) = y$.**
  Durch Einführung der Bezeichnung $f$ für die Abbildung wird die vorige Formulierung noch besser.
- **Eine Abbildung $f: X \to Y$ ist bijektiv, falls es für jedes $y \in Y$ genau ein $x \in X$ gibt mit $f(x) = y$.**
  Das ist die Definition, mit der man mathematisch arbeiten kann. Diese Beschreibung verwendet man, wenn man von einer Abbildung nachweisen will, dass sie bijektiv ist.

## Aufgaben, Tests, Herausforderungen

1. **Stellen Sie alle bijektiven Abbildungen von $X = \{1, 2, 3\}$ nach $Y = \{a, b, c\}$ auf.**

2. **Zeigen Sie: Wenn es eine bijektive Abbildung einer endlichen Menge X nach Y gibt, dann haben X und Y gleich viele Elemente.**

3. **Wie viele bijektive Abbildungen von X nach Y gibt es, wenn X und Y jeweils genau n Elemente haben?**

4. **Welche der folgenden Abbildungen von $\mathbf{Z}$ in sich ist bijektiv?**

   - ☐ $n \mapsto n + 5$
   - ☐ $n \mapsto 5n$
   - ☐ $n \mapsto$ größter echter Teiler von n
   - ☐ $n \mapsto n/2$, falls n gerade, $3n + 1$, falls n ungerade

5. **Welche der folgenden Abbildungen f von $\mathbf{R}$ in sich ist bijektiv?**

   - ☐ $f(x) = 10x$
   - ☐ $f(x) = x^{10}$
   - ☐ $f(x) = x^{11}$
   - ☐ $f(x) = e^x$
   - ☐ $f(x) = \sqrt{|x|}$

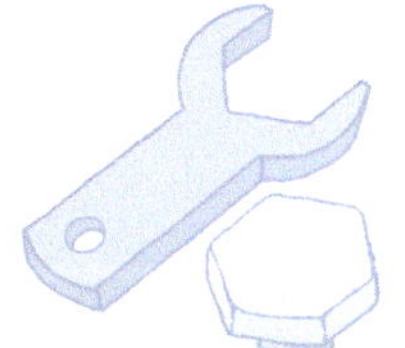

# 5.5 Verknüpfung

- **Zwei Abbildungen werden verknüpft, indem man zuerst die eine, dann die andere ausführt.**
  **Dies ist zwar nicht falsch, man kann aber noch nicht viel damit anfangen.**
- **Die Verknüpfung einer Abbildung f mit einer Abbildung g ist die Abbildung, bei der man zuerst g, dann f anwendet.**
  **Ein klein wenig präziser.**
- **Man verknüpft eine Abbildung mit einer anderen, indem man zunächst auf jedes Element die eine Abbildung, und dann auf das Ergebnis die zweite Abbildung anwendet.**
  **Zwar ohne Benennung der Abbildungen, aber es wird genau gesagt, wie ein Element abgebildet wird.**
- **Damit man die Verknüpfung $f \circ g$ der beiden Abbildungen f und g bilden kann, muss der Wertebereich von g im Definitionsbereich von f enthalten sein. Dann kann man auf jedes g(x) die Abbildung f anwenden.**
  **Hier werden zwei Aspekte klar: Zum einen die Bezeichnung für die Verknüpfung und zum anderen die Voraussetzung, unter der man überhaupt die Verknüpfung bilden kann.**
- **Seien $g: X \to Y$ und $f: Y \to Z$ Abbildungen. Dann kann man die Verknüpfung $f \circ g$ so definieren, dass man auf jedes $x \in X$ die Abbildung g anwendet, und dann auf g(x) die Abbildung f anwendet. Insgesamt ergibt sich f(g(x)).**
  **Jetzt werden die Abbildungen mit ihren Definitions- und Wertebereichen festgelegt und genau erklärt, wie man das Bild eines Elementes x berechnet.**
- **Seien $g: X \to Y$ und $f: Y \to Z$ Abbildungen. Dann ist die Verknüpfung (Hintereinanderausführung, Komposition) von f und g die Abbildung $f \circ g: X \to Z$, die folgendermaßen definiert ist: $f \circ g(x) := f(g(x))$.**
  **Hier wird ausgesprochen, dass $f \circ g$ eine Abbildung ist. Und es wird klar gesagt, was $f \circ g(x)$ ist.**

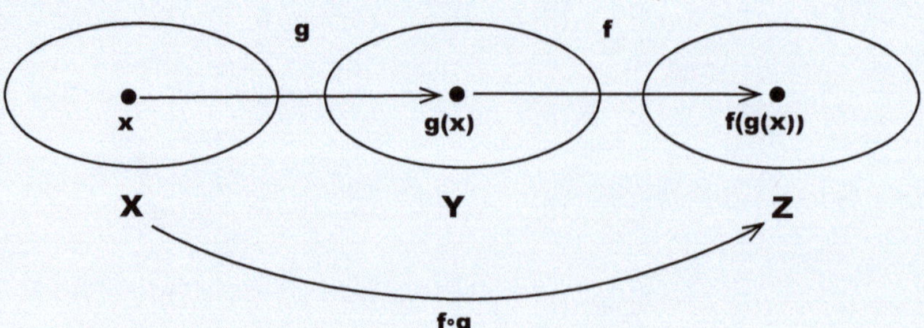

## Aufgaben, Tests, Herausforderungen

1. **Beschreiben Sie in Worten die Bedeutung von $f \circ g$ , wenn $f$ und $g$ die folgenden Abbildungen sind:**

   g: Auto $\mapsto$ Größe des Tanks, f: Preis für einen Liter Benzin

   g: Autobesitzer $\mapsto$ Auto, f: Auto $\mapsto$ Farbe

   g: Fußballspieler $\mapsto$ Verein, f: Verein $\mapsto$ Liga

2. **Seien $g: X \to Y$ und $f: Y \to Z$ Abbildungen. Richtig oder falsch?**

   - [ ] $g, f$ bijektiv $\Rightarrow f \circ g$ bijektiv
   - [ ] $g, f \circ g$ bijektiv $\Rightarrow f$ bijektiv
   - [ ] $f, f \circ g$ bijektiv $\Rightarrow g$ bijektiv

3. **Bestimmen Sie für die folgenden Abbildungen $f, g$ von $\mathbf{Z}$ in sich jeweils $f \circ g$ und $g \circ f$:**

   $g(z) = 2z$, $f(z) = z+1$

   $g(z) = z^2$, $f(z) = z+3$

   $g(z) = z^2$, $f(z) = 3z$

   $g(z) = z^2$, $f(z) = 3$

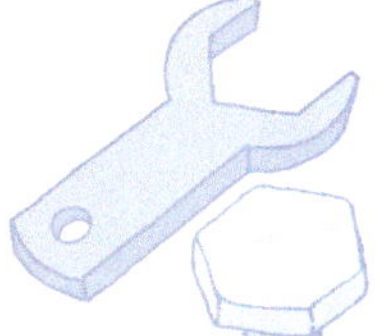

# 5.6 Inverse Abbildung

- **Die inverse Abbildung macht die Wirkung der ursprünglichen rückgängig.**
  Gute Vorstellung, aber man kann mit dieser Beschreibung nicht arbeiten.

- **Eine Abbildung ist invers zur Abbildung $f$, wenn sie die Wirkung von $f$ rückgängig macht.**
  Hier wird die Abbildung mit $f$ bezeichnet; dadurch wird der Ausdruck „die ursprüngliche" in der ersten Formulierung präzisiert.

- **Die inverse Abbildung durchläuft die Pfeile in der entgegengesetzten Richtung.**
  Im Prinzip die gleiche Vorstellung, nur im Gewand der „Pfeilsprache".

- **Eine Abbildung ist invers zu der Abbildung $f$, wenn sie $f(x)$ auf $x$ abbildet.**
  Da ein Pfeil von $x$ nach $f(x)$ führt, ist die „entgegengesetzte Richtung" diejenige von $f(x)$ nach $x$.

- **Eine Abbildung $g$ ist invers zur Abbildung $f$, wenn für alle $x$ gilt: $g$ bildet $f(x)$ auf $x$ ab.**
  Jetzt wird auch die inverse Abbildung bezeichnet. Damit kann man die Abbildungsvorschrift klarer ausdrücken.

- **Eine Abbildung $g$ ist invers zu einer Abbildung $f$, wenn $g(f(x)) = x$ ist für alle $x$.**
  Das klingt gut, ist aber noch nicht vollständig. Denn $g$ ist nur auf den Elementen der Form $f(x)$ definiert, also ist $g$ nur eine Abbildung von Bild $(f)$ nach $X$.

- **Eine Abbildung $f: X \to Y$ ist invertierbar, falls es eine Abbildung $g: Y \to X$ gibt mit $g(f(x)) = x$ für alle $x \in X$ und $f(g(y)) = y$ für alle $y \in Y$.**
  Das ist die Definition, mit der man mathematisch arbeiten kann. Hier steht, was man tun muss, wenn man nachweisen will, dass eine Abbildung invertierbar ist.

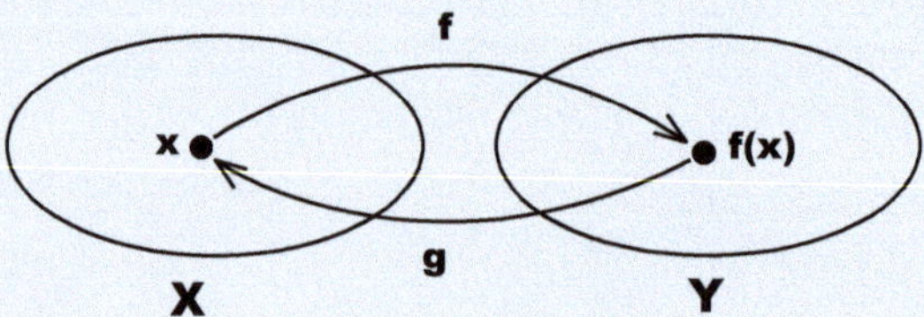

## Aufgaben, Tests, Herausforderungen

1. **Welche der folgenden Abbildungen f von Z in sich haben eine Inverse? Geben Sie diese gegebenenfalls an:**

   - ☐ f(n) = n – 5
   - ☐ f(n) = 5n
   - ☐ f(n) = 5n + 3
   - ☐ f(n) = größter echter Teiler von n

2. **Welche der folgenden Abbildungen f von R in sich hat eine Inverse? Geben Sie diese gegebenenfalls an:**

   - ☐ f(x) = die reelle Zahl, die entsteht, wenn man die ersten 10 Stellen von x abschneidet
   - ☐ f(x) = 5x + 3
   - ☐ $f(x) = e^x$
   - ☐ $f(x) = e^{-x^2}$

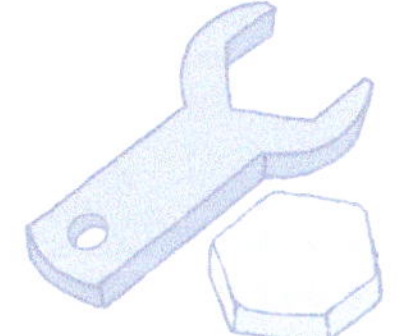

# 5.7 Permutation

Eine *Permutation* ist eine bijektive Abbildung einer *endlichen* Menge in sich. In der Regel permutiert $\pi$ die Menge $\{1, 2, 3, \ldots, n\}$ der Zahlen zwischen 1 und n.

Üblicherweise schreibt man in der oberen Reihe die Zahlen 1, 2, ..., n in ihrer natürlichen Reihenfolge. Das ist aber nicht zwingend notwendig.

$$\pi = \begin{pmatrix} \mathbf{1} & \mathbf{2} & \mathbf{3} & \ldots & \mathbf{i} & \ldots & \mathbf{n} \\ \mathbf{5} & \mathbf{4} & \mathbf{8} & \ldots & \pi(\mathbf{i}) & \ldots & \mathbf{7} \end{pmatrix}$$

Die Zahlen in der unteren Reihe sind alle verschieden. Insgesamt kommen in der unteren Zeile alle Zahlen 1, 2, ..., n vor – nur eben permutiert. Permutiert, das heißt in anderer Reihenfolge.

Unter dem Element i steht dasjenige Element, auf das i abgebildet wird, also steht $\pi(i)$ unter i. Bei dieser Permutation werden also, unter anderem, 1 auf 5, 2 auf 4, 3 auf 8 und n auf 7 abgebildet. *Beispiel:* Für n = 3 gibt es die folgenden sechs Permutationen:

$$\begin{pmatrix} 1 & 2 & 3 \\ 1 & 2 & 3 \end{pmatrix}, \begin{pmatrix} 1 & 2 & 3 \\ 1 & 3 & 2 \end{pmatrix}, \begin{pmatrix} 1 & 2 & 3 \\ 2 & 1 & 3 \end{pmatrix}$$

$$\begin{pmatrix} 1 & 2 & 3 \\ 2 & 3 & 1 \end{pmatrix}, \begin{pmatrix} 1 & 2 & 3 \\ 3 & 1 & 2 \end{pmatrix}, \begin{pmatrix} 1 & 2 & 3 \\ 3 & 2 & 1 \end{pmatrix}.$$

## Aufgaben, Tests, Herausforderungen

1. **Stellen Sie alle Permutationen im Fall n = 4 explizit auf.**

2. **Was ist die inverse Permutation von** $\begin{pmatrix} 1 & 2 & 3 \\ 3 & 1 & 2 \end{pmatrix}$ **?**

3. **Stellen Sie die Inversen aller Permutationen für n = 4 auf.**

4. **Seien A, B, C, D die Ecken eines Quadrats. Welche der Permutationen der Menge {A, B, C, D} sind Abbildungen, die das Quadrat in sich selbst überführen?**

5. **Seien A, B, C, D die Ecken eines regulären Tetraeders. Welche der Permutationen der Menge {A, B, C, D} sind Abbildungen, die das Tetraeder in sich selbst überführen?**

6. **Zeigen Sie: Es gibt genau n! (= n·(n–1)·(n–2)· … ·2·1) Permutationen der Menge {1, 2, …, n}.**

Die Menge aller Permutationen der Menge {1, 2, …, n} bezeichnet man mit $S_n$ („symmetrische Gruppe").

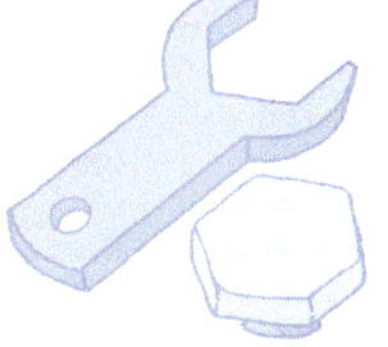

# 5.8 Zyklenschreibweise

Bei der Zyklenschreibweise einer Permutation steht jeweils das Bild rechts vom Urbild. Das heißt: Nach einer Zahl i kommt ihr Bild π(i).

Ein Zyklus endet mit der Zahl, die auf die erste Zahl im Zyklus abgebildet wird. In unserem Fall gilt also π(k) = 1 und π(h) = 2.

$$\pi = (1\ 5\ 6\ \ldots\ i\ \pi(i)\ \ldots\ k) \circ (2\ 4\ \ldots\ j\ \pi(j)\ \ldots\ h) \circ \ldots$$

Wie erhält man den Zyklus, in dem die Zahl 2 enthalten ist? Man wendet die Permutation π auf 2 an. Man erhält – in diesem Fall – 4. Dann wendet man π auf 4 an. Dann π auf das Bild von 4. Das macht man so lange, bis man zu einer Zahl h kommt, die wieder auf 2 abgebildet wird.
Ein *Zyklus* (*zyklische Permutation*) ist eine Permutation, in der eine Reihe von Elementen zyklisch permutiert wird und alle anderen Elemente fest bleiben. Für einen Zyklus schreibt man (a b c … z). Das bedeutet, dass a auf b, b auf c usw. und schließlich z auf a abgebildet wird, und alle anderen Elemente auf sich selbst abgebildet werden.
Beispiel: Der Zyklus (1 3 2 5) $\in S_6$ ist die Permutation, die 1 auf 3, 3 auf 2, 2 auf 5 und 5 auf 1 abbildet, sowie 4 und 6 festlässt; es handelt sich also um die Permutation

$$\begin{pmatrix} 1 & 2 & 3 & 4 & 5 & 6 \\ 3 & 5 & 2 & 4 & 1 & 6 \end{pmatrix}.$$

Die Anzahl der Elemente in einem Zyklus nennt man die *Länge* des Zyklus.
Der Zyklus (1 3 2 5) hat die Länge 4.
Eine *Transposition* ist ein Zyklus der Länge 2, also eine zyklische Permutation der Form (a b).

*Beispiel:* Die Transpositionen in $S_3$ sind (1 2), (1 3) und (1 2).
Es gelten folgende Aussagen:
Jede Permutation ist Produkt von disjunkten Zyklen. (Das heißt: Jedes Element, das unter π nicht auf sich selbst abgebildet wird, kommt in genau einem Zyklus vor.)
Man kann jeden Zyklus als Produkt von (nicht disjunkten) Transpositionen schreiben.
Daher kann man jede Permutation als Produkt von Transpositionen schreiben.

## Aufgaben, Tests, Herausforderungen

1. **Schreiben Sie die Permutation (1 3 5 7)(2 4 6)(8 9) $\in S_{10}$ in der üblichen Permutationsschreibweise.**

2. **Schreiben Sie die Permutation $\begin{pmatrix} 1 & 2 & 3 & 4 & 5 & 6 & 7 \\ 7 & 5 & 1 & 6 & 2 & 4 & 3 \end{pmatrix}$ als Produkt disjunkter Zyklen.**

3. **Geben Sie alle Transpositionen von $S_4$ an.**

4. **Wie viele Transpositionen gibt es in $S_n$?**

5. **Schreiben Sie die folgenden Zyklen als Produkt von Transpositionen: (1 2 3), (1 2 3 4), (1 2 3 4 5), ( 1 2 3 … k).**

   Es gilt folgende Aussage:

   - Die Darstellung einer Permutation als Produkt von Transpositionen ist nicht eindeutig. Nicht einmal die Anzahl der Transpositionen ist eindeutig. Aber die „Parität“ ist eindeutig: Eine Permutation, die ein Produkt einer geraden Anzahl von Transpositionen ist, kann nicht als Produkt einer ungeraden Anzahl von Transpositionen geschrieben werden (und umgekehrt). Das heißt: einmal gerade, immer gerade!
   - Die Menge der geraden Permutationen aus $S_n$ wird mit $A_n$ bezeichnet („alternierende Gruppe“). Die alternierende Gruppe $A_n$ hat genau $n!/2$ Elemente.

6. **Bestimmen Sie alle geraden Permutationen in $S_3$ und $S_4$.**

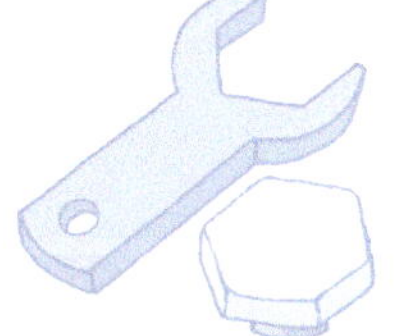

# 6 Tupel

n-Tupel

Addition von n-Tupeln

Multiplikation eines n-Tupels mit einer Zahl

Anzahl der n-Tupel

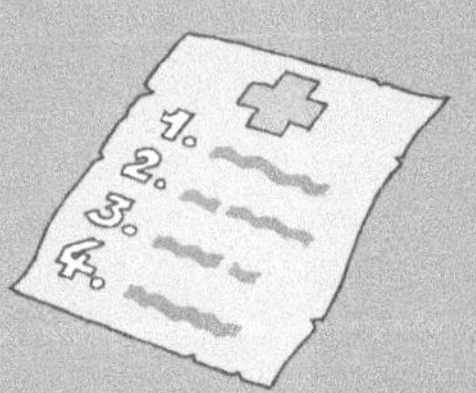

## 6.1 n-Tupel

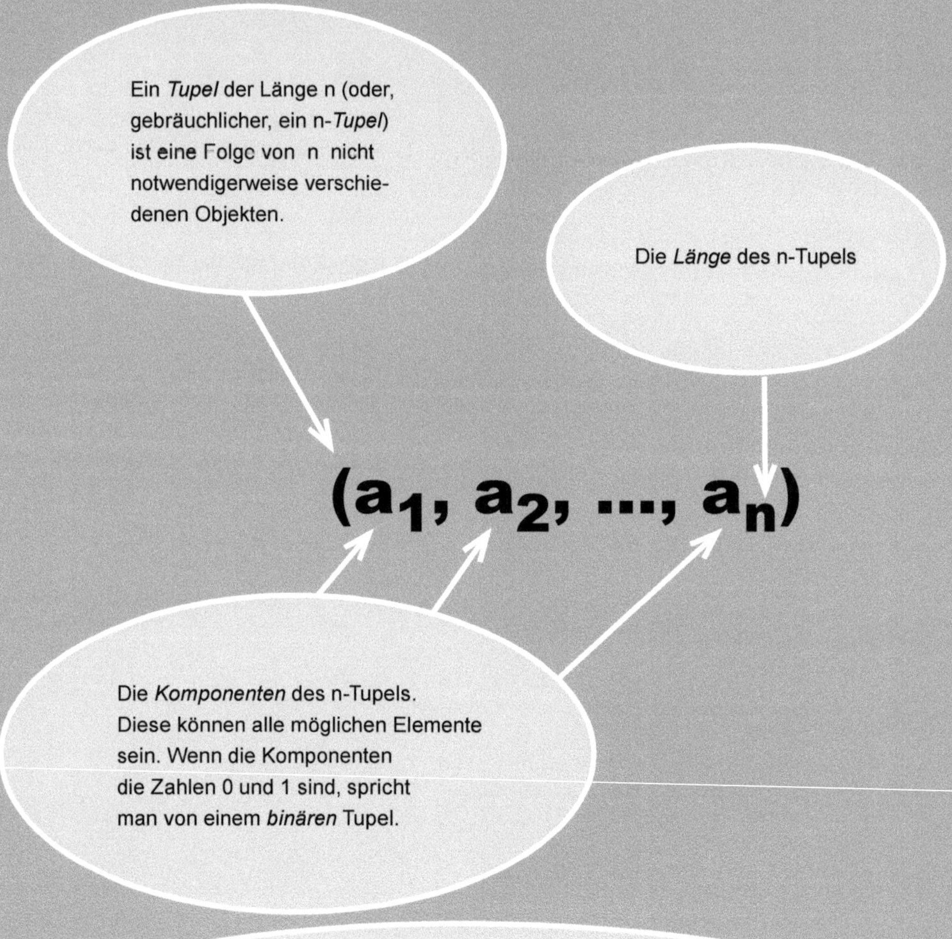

Ein *Tupel* der Länge n (oder, gebräuchlicher, ein n-*Tupel*) ist eine Folge von n nicht notwendigerweise verschiedenen Objekten.

Die *Länge* des n-Tupels

$$(a_1, a_2, \ldots, a_n)$$

Die *Komponenten* des n-Tupels. Diese können alle möglichen Elemente sein. Wenn die Komponenten die Zahlen 0 und 1 sind, spricht man von einem *binären* Tupel.

Einige Wörter:
2-Tupel nennt man üblicherweise *Paare*.
3-Tupel werden in der Regel *Tripel* genannt.
Die Bezeichnungen *Quadrupel* und *Quintupel* für 4-Tupel und 5-Tupel finden sich fast ausschließlich in der älteren Literatur.

## Aufgaben, Tests, Herausforderungen

1. **Beschreiben Sie eine Speisefolge (zum Beispiel Vorspeise, Hauptspeise, Nachtisch, Getränk) als Tupel. Wovon hängt die Länge des Tupels ab?**

2. **Beschreiben Sie Ihre Kleidung als Tupel. Wovon hängt die Länge dieses Tupels ab?**

3. **Beschreiben Sie die Ecken eines Würfels als Tripel der Zahlen 0 und 1.**

4. **a) Ordnen Sie die binären Paare beziehungsweise Tripel so an, dass sich jedes von seinem Vorgänger nur an einer Stelle unterscheidet.**
   **b) Interpretieren Sie das geometrisch, indem Sie die vorige Aufgabe anwenden.**
   **c) Können Sie die Aussage a) auf binäre Tupel beliebiger Länge n verallgemeinern?**

*Übrigens:* Wenn die erste Komponente $a_1$ eines n-Tupels aus der Menge $A_1$, die zweite Komponente $a_2$ aus $A_2, \ldots,$ und $a_n$ aus der Menge $A_n$ gewählt wird, kann man das n-Tupel auch als Element des kartesischen Produkts $A_1 \times A_2 \times \ldots \times A_n$ beschreiben.

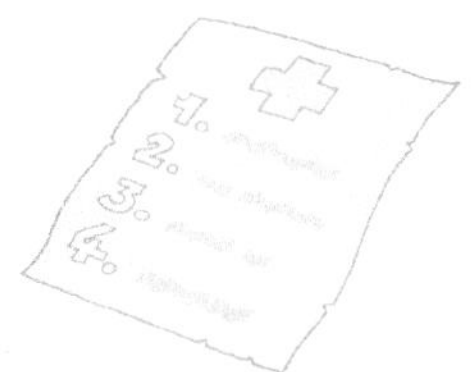

# 6.2 Addition von n-Tupeln

Um zwei Tupel addieren zu können, müssen beide die gleiche Länge haben.

Das Ergebnis der Addition zweier n-Tupel ist wieder ein Tupel der Länge $n$.

$$(a_1, a_2, ..., a_n) + (b_1, b_2, ..., b_n) := (a_1 + b_1, a_2 + b_2, ..., a_n + b_n)$$

Das ist die Addition von n-Tupeln.

Die Addition der n-Tupel erfolgt so, dass die Elemente der entsprechenden Komponenten addiert werden. Das bedeutet, dass man $a_1$ und $b_1$ (und allgemein $a_i$ und $b_i$) addieren können muss. Typischerweise sind $a_i$ und $b_i$ reelle Zahlen.
Man spricht davon, dass die Addition *komponentenweise* erfolgt.

*Bemerkung:* In vielen Situationen kann man n-Tupel, die man addieren kann, auch als Vektoren interpretieren. Insofern werden n-Tupel manchmal auch als Vektoren (der Länge $n$) bezeichnet.

## Aufgaben, Tests, Herausforderungen

1. **Lösen Sie folgende Gleichungen:**

   (1, 2, 3) + (x, y, z) = (–1, 3, 7)

   (2, 3, 1) + (x, y, z) = (–1, 3, 7)

   (2, 3, 1) + (x, y, z) = (3, –1, 7)

   (3, 1, 2) + (x, y, z) = (0, 0, 0)

   **Wir betrachten n-Tupel, deren Kompenenten reelle Zahlen sind.**

2. **Beweisen Sie das Kommutativgesetz. Das bedeutet** $(a_1, a_2, \ldots, a_n) + (b_1, b_2, \ldots, b_n) = (b_1, b_2, \ldots, b_n) + (a_1, a_2, \ldots, a_n)$.

3. **Formulieren und beweisen Sie das Assoziativgesetz für reelle n-Tupel.**

4. **Zeigen Sie, dass es ein „neutrales Element" der Addition gibt, das heißt ein n-Tupel, das man zu jedem anderen reellen n-Tupel addieren kann, ohne dass sich dieses ändert.**

5. **Zeigen Sie, dass es zu jedem n-Tupel ein „inverses" (in diesem Fall besser „negatives") Tupel gibt, also ein solches, dessen Summe mit dem Originaltupel das neutrale n-Tupel ergibt.**

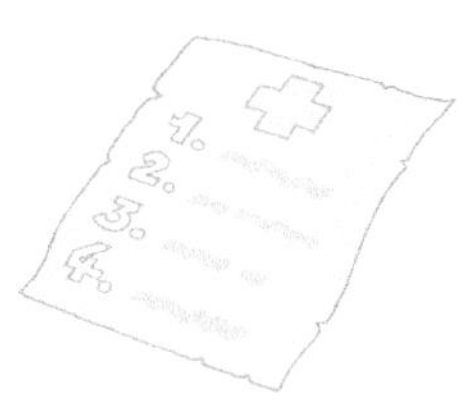

# 6.3 Multiplikation eines n-Tupels mit einer Zahl

Wenn man ein n-Tupel mit einer Zahl multipliziert, ergibt sich wieder ein Tupel derselben Länge n.

Hier wird die *Multiplikation* einer Zahl k mit einem n-Tupel definiert.

$$\mathbf{k \cdot (a_1, a_2, \ldots, a_n) := (k \cdot b_1, k \cdot b_2, \ldots, k \cdot b_n)}$$

Die Multiplikation erfolgt komponentenweise. Das bedeutet, dass das Produkt von k mit der ersten Komponente des n-Tupels die erste Komponente des Produkts ist usw. Insbesondere kann man nur dann k mit einem n-Tupel multiplizieren, wenn man k mit jeder Komponente multiplizieren kann. Das ist insbesondere dann der Fall, wenn sowohl k als auch die Komponenten reelle Zahlen sind.

## Aufgaben, Tests, Herausforderungen

1. **Lösen Sie die folgenden Gleichungen mit reellen Zahlen k, x, y, z:**

   $k \cdot (1, 3, 6) = (2, 6, 12)$

   $k \cdot (1, 3, z) = (2, 6, z)$

   $2 \cdot (x, y, z) = (2, 6, 12)$

   $2 \cdot (1, 3, z) = (x, y, 12)$

   $2 \cdot (x, 2, z) = (2, y, 12)$

2. **Vervollständigen und beweisen Sie das folgende „Distributivgesetz“:**

   $k \cdot [(a_1, a_2, \ldots, a_n) + (b_1, b_2, \ldots, b_n)] = \ldots$

3. **Vervollständigen und beweisen Sie das folgende „Assoziativgesetz“:**

   $\ldots = k \cdot [h \cdot (a_1, a_2, \ldots, a_n)]$.

## 6.4 Anzahl der n-Tupel

Die Mengenklammern bringen zum Ausdruck, dass wir jetzt alle n-Tupel betrachten, deren Komponenten in der Menge $M$ liegen.

Diese Aussage gilt nur für Mengen $M$, die eine endliche Anzahl $k$ von Elementen haben. Wenn $M$ eine unendliche Menge ist, kann man mit $M$ auch unendlich viele n-Tupel bilden.

$$\left|\{(a_1, a_2, \ldots, a_n) \mid a_i \in M\}\right| = k^n \text{ , falls } |M| = k$$

*Beweis*. Für jede der n Komponenten kommt jedes der $k$ Elemente von $M$ in Frage. Also gibt es für jede Komponente genau $k$ Möglichkeiten. Da die Komponenten unabhängig voneinander bestückt werden können, ist die Gesamtzahl der n-Tupel gleich $k \cdot k \cdot \ldots \cdot k = k^n$.

## Aufgaben, Tests, Herausforderungen

1. **In einem Kinderbuch kann man 10 Köpfe, 10 Bäuche und 10 Beine beliebig kombinieren. Wie viele „Menschen“ können dabei entstehen?**

2. **In meinem Lieblingssteakrestaurant kann man sich seine Mahlzeit aus folgenden Komponenten selbst zusammenstellen:**

   - Hüftsteak, Rumpsteak, Filetsteak, Rib-Eye Steak;
   - Gewicht: 180g oder 250g;
   - Beilagen: Folienkartoffeln, Pommes frites, Kroketten, Bratkartoffeln, weißer Langkornreis, Maiskolben, Knoblauchbrot, rote Bohnen, Zwiebelringe, Champignons;
   - Saucen: Kräuterbutter, Pfefferrahmsauce, Sauce nach Art Béarnaise.

   **Wenn ich jeden Monat einmal dort esse: Wie lange brauche ich, um alle Kombinationen durchzuprobieren?**

3. **Zeigen Sie die Formel für die Anzahl aller n-Tupel durch Induktion nach $n$.**

4. **Verallgemeinern Sie die Formel für die Anzahl der n-Tupel auf den Fall, dass die einzelnen Komponenten aus verschiedenen Mengen $A_1, A_2, \ldots, A_n$ gewählt werden.**

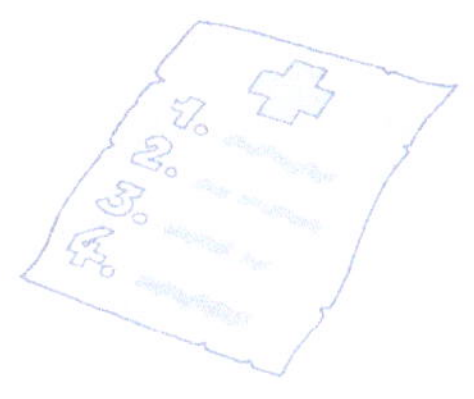

# 7 Matrizen

Matrix

Addition von Matrizen

Quadratische Matrix

Transponierte Matrix

Matrizenmultiplikation

Der Rang einer Matrix

Die Leibnizsche Determinantenformel

Die Regel von Sarrus

Minor

Entwicklung nach einer Zeile

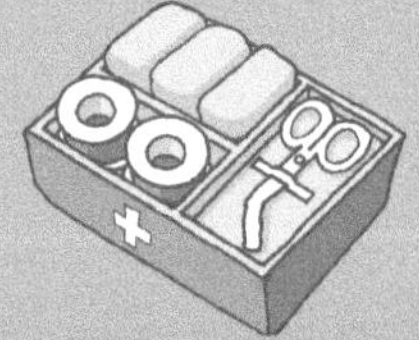

# 7.1 Matrix

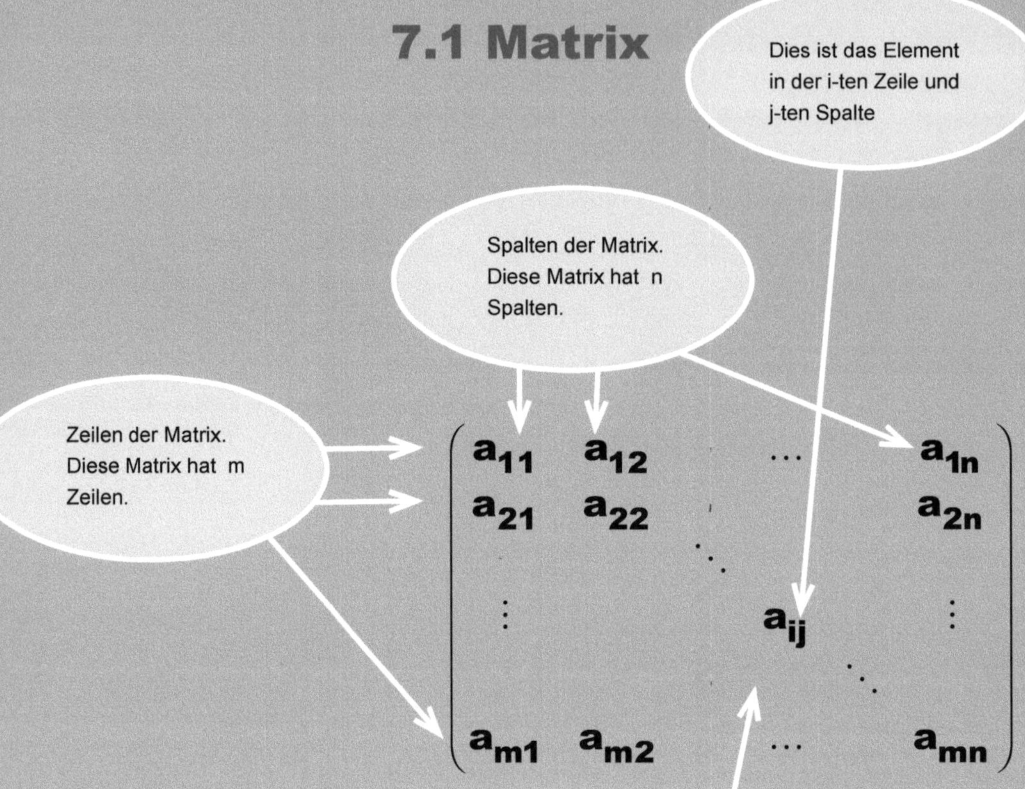


Man schreibt für die Matrix auch $A = (a_{ij})$ beziehungsweise $A = (a_{ij})_{1 \leq i \leq m,\, 1 \leq j \leq n}$, wenn man die Anzahlen $m$ und $n$ deutlich machen möchte. Diese Schreibweise ermöglicht auch, Matrizen kompakt darzustellen.

Einige Beispiele: $A = (a_{ij})_{1 \leq i \leq 3,\, 1 \leq j \leq 3}$ mit $a_{ij} = (-1)^{i+j}$ ist ausgeschrieben die Matrix

$$A = \begin{pmatrix} +1 & -1 & +1 \\ -1 & +1 & -1 \\ +1 & -1 & +1 \end{pmatrix}.$$

Die Matrix $A = (a_{ij})_{1 \leq i \leq 3,\, 1 \leq j \leq 3}$ mit $a_{ij} = i + j - 1$ ist nicht anderes als die Matrix

$$A = \begin{pmatrix} 1 & 2 & 3 \\ 2 & 3 & 4 \\ 3 & 4 & 5 \end{pmatrix}.$$

Die Matrix $A = (a_{ij})_{1 \leq i \leq 3,\, 1 \leq j \leq 3}$ mit $a_{ij} = 1$ für $i = j$ und $0$ für $i \neq j$ ist die Einheitsmatrix

$$A = \begin{pmatrix} 1 & 0 & 0 \\ 0 & 1 & 0 \\ 0 & 0 & 1 \end{pmatrix}.$$

## Aufgaben, Tests, Herausforderungen

1. **Müssen in einer Matrix alle Stellen besetzt sein – oder können auch ein paar leer bleiben?**

2. **Beschreiben Sie explizit die Matrix $A = (a_{ij})_{1 \leq i \leq 3,\, 1 \leq j \leq 3}$ mit $a_{ij} = 1$, falls $i+j$ eine Primzahl ist und $a_{ij} = 0$, falls $i+j$ keine Primzahl ist.**

3. **Stellen Sie die Matrix $A = \begin{pmatrix} 1 & 2 & 4 \\ 2 & 4 & 8 \\ 4 & 8 & 16 \end{pmatrix}$ durch eine Formel dar.**

4. **Stellen Sie die Matrix $A = \begin{pmatrix} 1 & 0{,}1 & 0{,}01 \\ 0{,}1 & 0{,}01 & 0{,}001 \\ 0{,}01 & 0{,}001 & 0{,}0001 \end{pmatrix}$ durch eine Formel dar.**

*Übrigens*: Der Plural von „Matrix" heißt „Matrizen": Eine Matrix, drei Matrizen. Und noch was: Der Singular von „Matrizen" heißt Matrix" (und nicht „Matrize"): Fünf Matrizen, eine Matrix.

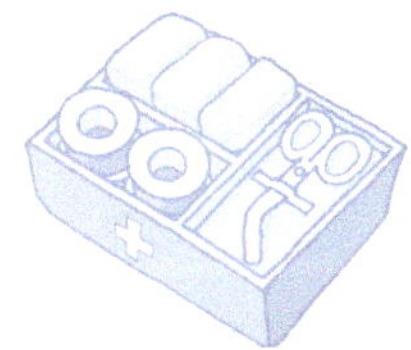

# 7.2 Addition von Matrizen

Die Addition von Matrizen erfolgt „komponentenweise“: Das heißt: Wenn man das Element an der Stelle (i, j) der Summe der beiden Matrizen bestimmen will, nimmt man das Element an der Stelle (i, j) der ersten Matrix und das Element an der Stelle (i, j) der zweiten Matrix und addiert diese beiden Elemente. Man schreibt kurz: Die Summe der Matrizen $A = (a_{ij})_{1 \le i \le m,\, 1 \le j \le n}$ und $B = (b_{ij})_{1 \le i \le m,\, 1 \le j \le n}$ ist definiert als $A + B := (a_{ij} + b_{ij})_{1 \le i \le m,\, 1 \le j \le n}$.
Im Beispiel von 2×2-Matrizen:

$$\begin{pmatrix} a & b \\ c & d \end{pmatrix} + \begin{pmatrix} e & f \\ g & h \end{pmatrix} := \begin{pmatrix} a+e & b+f \\ c+g & d+h \end{pmatrix}$$

$$\begin{pmatrix} \mathbf{a_{11}} & \mathbf{a_{12}} & \cdots & \mathbf{a_{1n}} \\ \mathbf{a_{21}} & \mathbf{a_{22}} & \cdots & \mathbf{a_{2n}} \\ \vdots & \vdots & & \vdots \\ \mathbf{a_{m1}} & \mathbf{q_{m2}} & \cdots & \mathbf{a_{mn}} \end{pmatrix} + \begin{pmatrix} \mathbf{b_{11}} & \mathbf{b_{12}} & \cdots & \mathbf{b_{1n}} \\ \mathbf{b_{21}} & \mathbf{b_{22}} & \cdots & \mathbf{b_{2n}} \\ \vdots & \vdots & & \vdots \\ \mathbf{b_{m1}} & \mathbf{b_{m2}} & \cdots & \mathbf{b_{mn}} \end{pmatrix} = \begin{pmatrix} \mathbf{a_{11}} + \mathbf{b_{11}} & \mathbf{a_{12}} + \mathbf{b_{12}} & \cdots & \mathbf{a_{1n}} + \mathbf{b_{1n}} \\ \mathbf{a_{21}} + \mathbf{b_{21}} & \mathbf{a_{22}} + \mathbf{b_{22}} & \cdots & \mathbf{a_{2n}} + \mathbf{b_{2n}} \\ \vdots & \vdots & & \vdots \\ \mathbf{a_{m1}} + \mathbf{b_{m1}} & \mathbf{a_{m2}} + \mathbf{b_{m2}} & \cdots & \mathbf{a_{mn}} + \mathbf{b_{mn}} \end{pmatrix}$$

Beide Matrizen müssen die gleiche Zeilenzahl (m) und die gleiche Spaltenzahl (n) haben; sonst kann man sie nicht addieren.

Als Summe ergibt sich wieder eine Matrix mit m Zeilen und n Spalten.

## Aufgaben, Tests, Herausforderungen

1. **Lösen Sie die Gleichung** $\begin{pmatrix} 5 & -7 & 3 \\ 1 & 0 & 2 \\ -3 & 10 & 2 \end{pmatrix} + \begin{pmatrix} a & b & c \\ d & e & f \\ g & h & i \end{pmatrix} = \begin{pmatrix} 3 & 1 & -5 \\ 0 & -3 & 2 \\ 6 & -2 & 3 \end{pmatrix}$.

2. **Seien A und B 3×3-Matrizen mit reellen Einträgen. Gibt es dann stets eine 3×3-Matrix mit A + X = B?**

3. **Zeigen Sie das Kommutativgesetz für die Matrizenaddition.**

4. **Zeigen Sie, dass die Matrizenaddition das Assoziativgesetz erfüllt.**

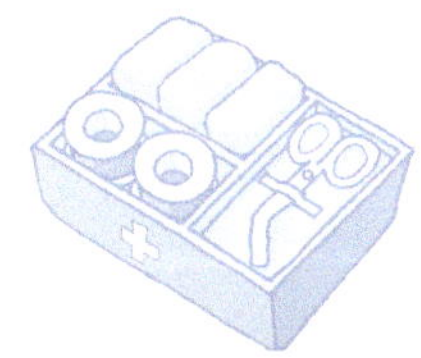

# 7.3 Quadratische Matrix

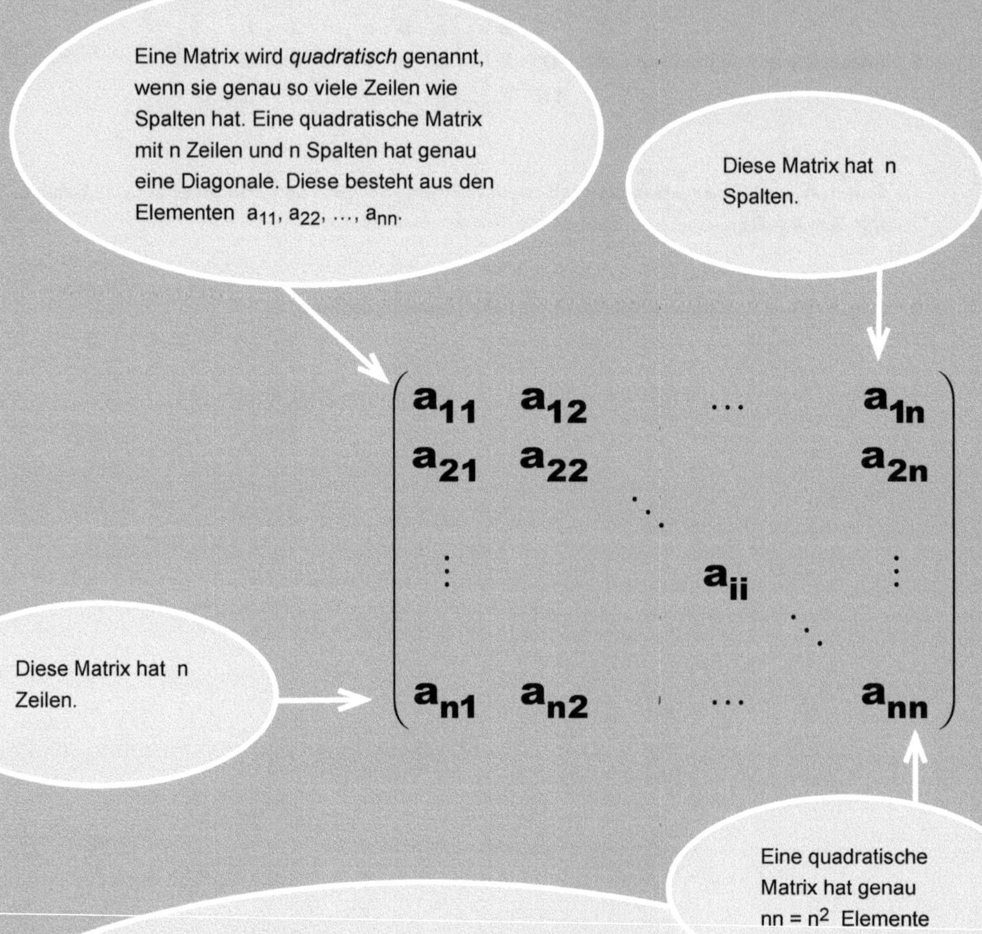


Für eine quadratische Matrix schreibt man auch $A = (a_{ij})_{1 \le i,j \le n}$.
Die *Einheitsmatrix* ist diejenige quadratische Matrix, die auf der Diagonalen Einsen hat und sonst nur aus Nullen besteht. Formal $A = (a_{ij})_{1 \le i,j \le n}$ mit $a_{ij} = 1$, falls $i = j$ ist und $a_{ij} = 0$ sonst.

Eine quadratische Matrix kann *symmetrisch* sein. Das bedeutet, dass sie an der Diagonalen gespiegelt werden kann und sich dabei nicht verändert. Konkret heißt dies: Die Matrix $A = (a_{ij})_{1 \le i,j \le n}$ ist *symmetrisch*, falls für alle $i, j \in \{1, 2, \ldots, n\}$ gilt: $a_{ij} = a_{ji}$. Für die Elemente auf der Diagonale bedeutet die Symmetrie der Matrix keine Einschränkung, aber die anderen Elemente kommen jeweils in Paaren vor; zum Beispiel ist das Element unten links gleich dem oben rechts.

## Aufgaben, Tests, Herausforderungen

1. **Welche der folgenden Schemata kann man zu einer symmetrischen 3×3-Matrix ergänzen?**

$$\begin{pmatrix} 1 & 2 & 3 \\ & 4 & 5 \\ & & 6 \end{pmatrix}, \begin{pmatrix} 1 & & \\ 2 & & \\ 3 & 4 & 5 \end{pmatrix}, \begin{pmatrix} 1 & & \\ & 2 & \\ & & 3 \end{pmatrix}, \begin{pmatrix} & & 3 \\ & 2 & \\ 1 & & \end{pmatrix}, \begin{pmatrix} 0 & 1 & \\ & 0 & 2 \\ 3 & & 0 \end{pmatrix}$$

2. **Wie viele Elemente kann man bei einer symmetrischen n×n-Matrix frei wählen?**

3. **Wie viele Elemente muss man bei einer 3×3-Matrix festlegen, damit daraus keine symmetrische Matrix mehr werden kann?**

4. **Ist die Summe zweier symmetrischer n×n-Matrizen eine symmetrische Matrix?**

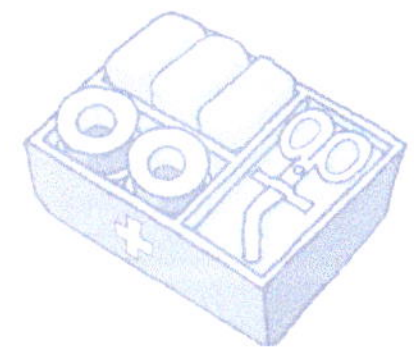

# 7.4 Transponierte Matrix

- **Die transponierte Matrix entsteht, indem man Zeilen und Spalten vertauscht.**
  Sehr grobe Vorstellung.

- **Man erhält die transponierte Matrix von A, wenn man die Zeilen von A als Spalten schreibt, wenn man also sozusagen die Matrix zeilenweise „aufnimmt" und wieder spaltenweise hinschreibt.**
  Das gibt schon ziemlich gut wieder, wie man die Elemente bewegen muss, um zur transponierten Matrix zu kommen.

- **Man erhält die transponierte Matrix der Matrix $A = (a_{ij})$, indem man das Element $a_{11}$ an seinem Platz lässt, das Element $a_{12}$ an die Stelle (2,1) schreibt; das Element $a_{13}$ an die Stelle (3,1) usw. Allgemein schreibt man das Element $a_{ij}$ an die Stelle (j, i), also in die j-te Zeile und i-te Spalte.**
  Hier wird das Verfahren in der Hinsicht noch besser beschrieben, dass die Elemente einzeln bezeichnet werden.

- **Die zu $A = (a_{ij})$ transponierte Matrix ist die Matrix $A^T = (a_{ji})$.**
  Kurzform der formalen Definition.

- **Sei $A = (a_{ij})_{1 \leq i \leq m,\, 1 \leq j \leq n}$ eine m×n-Marix. Die zu A transponierte Matrix ist diejenige n×m-Matrix $A^T := (b_{ji})_{1 \leq j \leq n,\, 1 \leq i \leq m}$ mit $b_{ji} := a_{ij}$.**
  Jetzt wird genau gesagt, welchen Typ die transponierte Matrix hat und wie ihre Elemente definiert sind.

## Aufgaben, Tests, Herausforderungen

1. **Berechnen Sie die transponierten Matrizen der folgenden Matrizen:**

$$\begin{pmatrix} 1 & 2 \\ 3 & 4 \\ 5 & 6 \end{pmatrix}, \quad \begin{pmatrix} a & b & c & d \\ e & f & g & h \end{pmatrix}, \quad \begin{pmatrix} 2 & 3 & 5 \\ 3 & 5 & 8 \\ 5 & 8 & 13 \end{pmatrix}.$$

2. **Kann eine Matrix gleich ihrer transponierten sein?**

3. **Kann für eine Matrix $A$ gelten $A^T = -A$?**

4. **Zeigen Sie für je zwei m×n-Matrizen $A$ und $B$: $(A + B)^T = A^T + B^T$.**

*Achtung!* Es gibt zahlreiche verschiedene Bezeichnungen für die zu A transponierte Matrix.

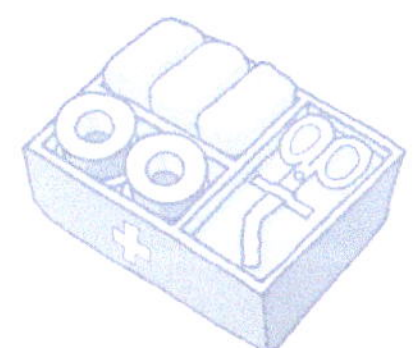

# 7.5 Matrizenmultiplikation

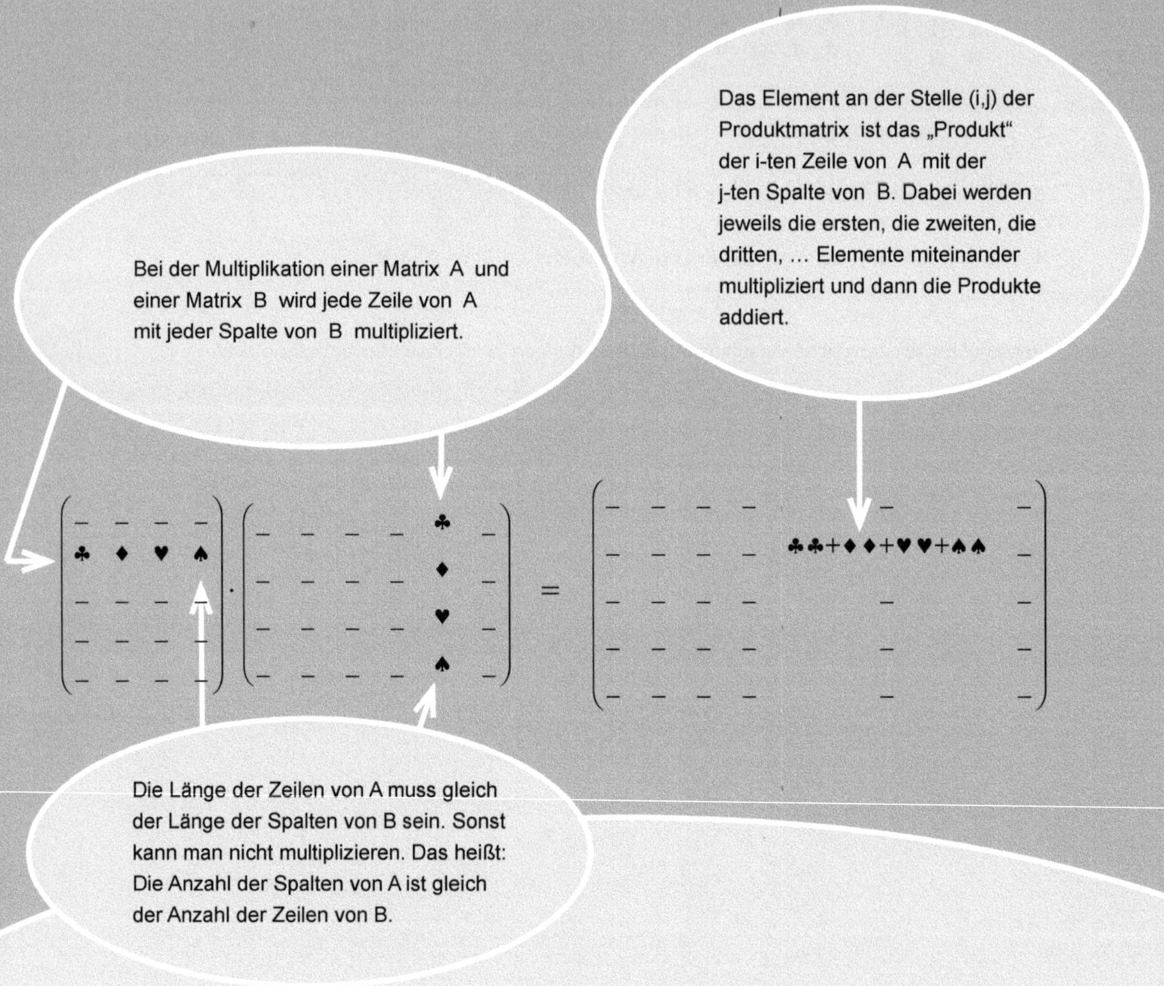

Das Element an der Stelle (i,j) der Produktmatrix ist das „Produkt“ der i-ten Zeile von A mit der j-ten Spalte von B. Dabei werden jeweils die ersten, die zweiten, die dritten, … Elemente miteinander multipliziert und dann die Produkte addiert.

Bei der Multiplikation einer Matrix A und einer Matrix B wird jede Zeile von A mit jeder Spalte von B multipliziert.

$$\begin{pmatrix} - & - & - & - \\ ♣ & ♦ & ♥ & ♠ \\ - & - & - & - \\ - & - & - & - \\ - & - & - & - \end{pmatrix} \cdot \begin{pmatrix} - & - & - & - & ♣ & - \\ - & - & - & - & ♦ & - \\ - & - & - & - & ♥ & - \\ - & - & - & - & ♠ & - \end{pmatrix} = \begin{pmatrix} - & - & - & - & - & - \\ - & - & - & - & ♣♣+♦♦+♥♥+♠♠ & - \\ - & - & - & - & - & - \\ - & - & - & - & - & - \\ - & - & - & - & - & - \end{pmatrix}$$

Die Länge der Zeilen von A muss gleich der Länge der Spalten von B sein. Sonst kann man nicht multiplizieren. Das heißt: Die Anzahl der Spalten von A ist gleich der Anzahl der Zeilen von B.

Sei $(a_{i1}, a_{i2}, \ldots, a_{in})$ die i-te Zeile der m×n-Matrix A, und sei $(b_{1j}, b_{2j}, \ldots, b_{nj})$ die j-te Spalte der n×p-Matrix B. Dann ist $c_{ij} := a_{i1} \cdot b_{1j} + a_{i2} \cdot b_{2j} + \ldots + a_{in} \cdot b_{nj}$ das Element an der Stelle (i,j) der Produktmatrix C; diese ist eine m×p-Matrix.

Beispiel: $\begin{pmatrix} 1 & 0 & 5 \\ 3 & 2 & 7 \end{pmatrix} \cdot \begin{pmatrix} 2 & 3 \\ 4 & 10 \\ -1 & 2 \end{pmatrix} = \begin{pmatrix} 1 \cdot 2 + 0 \cdot 4 + 5 \cdot -1 & 1 \cdot 3 + 0 \cdot 10 + 5 \cdot 2 \\ 3 \cdot 2 + 2 \cdot 4 + 7 \cdot -1 & 3 \cdot 3 + 2 \cdot 10 + 7 \cdot 2 \end{pmatrix} = \begin{pmatrix} -3 & 13 \\ 7 & 43 \end{pmatrix}$

## Aufgaben, Tests, Herausforderungen

1. **Lösen Sie die Gleichung** $\begin{pmatrix} -1 & 0 & 0 \\ 2 & 2 & 0 \\ 0 & 1 & 1 \end{pmatrix} \cdot \begin{pmatrix} a & b & c \\ d & e & f \\ g & h & i \end{pmatrix} = \begin{pmatrix} -3 & 0 & -1 \\ 6 & 2 & 6 \\ 1 & 1 & 4 \end{pmatrix}$.

2. **Zeigen Sie: Für jede n×n-Matrix A und die n×n-Einheitsmatrix $E_n$ gilt $A \cdot E_n = A$ und $E_n \cdot A = A$. (Die Einheitsmatrix $E_n$ hat auf der Diagonale Einsen und überall sonst Nullen.)**

3. **Zeigen Sie: Für je drei n×n-Matrizen A, B, C gilt $(A + B)C = AB + AC$. (Wenn Ihnen der allgemeine Fall zu schwierig ist, dann lösen Sie doch den Fall $n = 2$.)**

4. **Finden Sie zwei 2×2-Matrizen A und B mit $A \cdot B \neq B \cdot A$.**

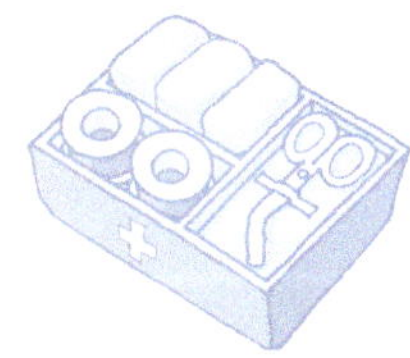

# 7.6 Der Rang einer Matrix

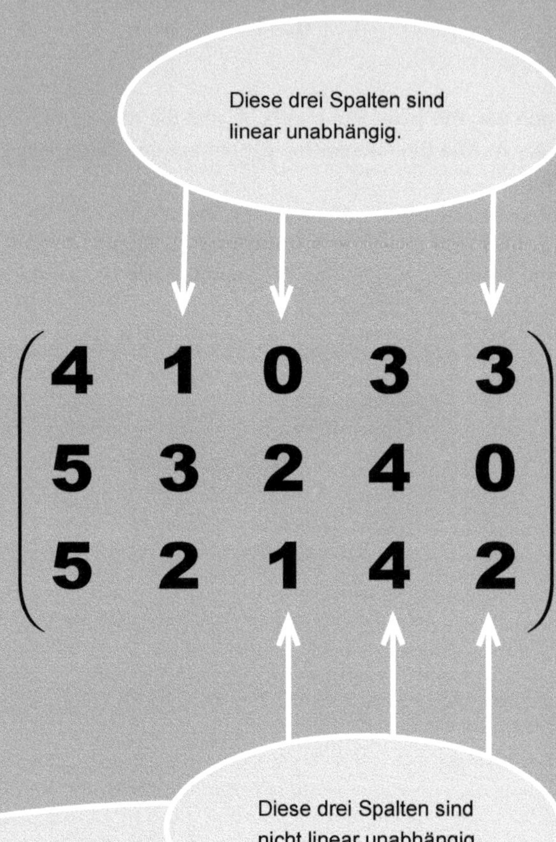


Der *Rang* einer Matrix ist die maximale Anzahl ihrer linear unabhängigen Spalten. Das bedeutet: Wenn der Rang einer Matrix gleich $r$ ist, dann müssen zwei Bedingungen erfüllt sein: (a) Es gibt $r$ linear unabhängige Spalten, (b) Es gibt keine $r+1$ linear unabhängigen Spalten (mit anderen Worten: je $r+1$ Spalten sind linear abhängig).

Wenn man schon etwas über Vektorräume gelernt hat, kann man auch einfach sagen: Der Rang einer Matrix ist die Dimension des von ihren Spalten aufgespannten (= erzeugten) Vektorraums.

Übrigens: Man kann entsprechend auch den Zeilenrang einer Matrix definieren als die maximale Anzahl linear unabhängiger Zeilen. Man kann beweisen (das ist ein bisschen knifflig), dass bei jeder Matrix der Zeilenrang gleich dem vorher definieren „Spaltenrang" ist. Kurz: Zeilenrang = Spaltenrang.

## Aufgaben, Tests, Herausforderungen

1. **Zeigen Sie: Unter den reellen 5×5-Matrizen gibt es Matrizen vom Rang 0, 1, 2, 3, 4, 5. Geben Sie jeweils ein Beispiel an.**

2. **Zeigen Sie: Unter den reellen n×n-Matrizen gibt es Matrizen vom Rang 0, 1, 2, ..., n. Geben Sie jeweils ein Beispiel an.**

3. **Zeigen Sie: Eine Matrix, die nicht nur aus Nullen besteht, hat genau dann den Rang 1, wenn es eine Spalte gibt, so dass alle anderen Spalten ein Vielfaches dieser Spalte sind.**

4. **Beweisen Sie für Matrizen vom Rang 1, dass Zeilenrang gleich Spaltenrang ist.**

5. **Besetzen Sie, wenn möglich, die freien Stellen der folgenden Matrizen so, dass eine Matrix vom Rang 0, 1, 2 beziehungsweise 3 entsteht.**

$$\begin{pmatrix} & 2 & \\ 0 & & \\ & 1 & 0 \end{pmatrix}, \begin{pmatrix} 0 & 2 & \\ 0 & & 3 \\ & 1 & 0 \end{pmatrix}$$

6. **Im folgenden Spiel fügen zwei Personen abwechselnd eine Zahl in die Matrix ein. Wessen Zahl als erste eine Matrix vom Rang 3 erzwingt, hat verloren.**

$$\begin{pmatrix} 1 & & \\ & & 1 \\ & 0 & \end{pmatrix}$$

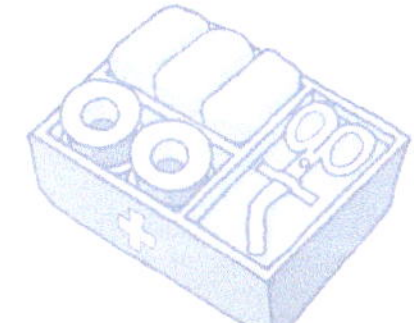

# 7.7 Die Leibnizsche Determinantenformel

Die Determinante ist eine Zahl; sie berechnet sich als Summe vieler Produkte.

Wie bei vielen Gleichungen steht links das, was man wissen möchte (Was ist die Determinante der Matrix $(a_{ij})$?), und rechts eine Methode, das auszurechnen.

Das Signum der Permutation $\pi$. Dieses ist +1 oder –1, je nach dem, ob $\pi$ Produkt einer geraden oder einer ungeraden Anzahl von Transpositionen ist.

Es soll die Determinante einer n×n-Matrix berechnet werden. Determinanten sind nur für quadratische Matrizen erklärt.

Da $\pi$ eine Permutation ist, durchlaufen die Werte $\pi(1), \pi(2), \ldots, \pi(n)$ alle Zahlen von 1, 2, …, n. Daher kommt aus jeder Spalte der Matrix einer der Faktoren.

$$\det (a_{ij})_{1 \leq i,j \leq n} = \sum_{\pi \in S_n} \operatorname{sig}(\pi) a_{1,\pi(1)} \cdot a_{2,\pi(2)} \cdot \ldots \cdot a_{n,\pi(n)}$$

Eine Permutation der Zahlen 1, .., n; also eine bijektive Abbildung, die die Menge {1,2,…,n} in sich abbildet.

Jeder Summand besteht – neben dem Vorzeichen, das durch sig($\pi$) bestimmt wird – aus n Faktoren. Da der erste Index der Faktoren die Zahlen 1, 2, …, n durchläuft, kommt aus jeder Zeile der Matrix ein Faktor.

Die Menge aller Permutationen der Menge {1, …, n}. Summiert wird über alle Permutationen. Man könnte die Permutationen auch von 1 bis n! durchnummerieren, dann würde die Summe von i = 1 bis n! laufen. Das sieht auf den ersten Blick vertrauter aus, ist aber nur unnötig kompliziert.

Aus der 1. Zeile wird dasjenige Element ausgewählt, das in der Spalte Nr. $\pi(1)$ liegt. Wenn $\pi(1) = 5$ ist, wird das Element $a_{1,5}$ gewählt.

## Aufgaben, Tests, Herausforderungen

Obwohl die Formel komplex zu sein scheint, kann sie in vielen Fällen erfolgreich angewendet werden. Insbesondere dann, wenn die Matrix viele Nullen enthält.

*Beispiel*: Was ist $\det\begin{pmatrix} 2 & 0 & 0 \\ 6 & 3 & 0 \\ 7 & 8 & 4 \end{pmatrix}$?

Wir fragen uns, welche Permutationen $\pi$ aus $S_3$ überhaupt einen Summanden $\neq 0$ zu der Summe beitragen. Zunächst betrachten wir $\pi(1)$. Wenn $\pi(1) = 2$ wäre, wäre der Faktor $a_{1,2} = 0$; also wäre der ganze Summand gleich Null. Entsprechend wäre der Summand gleich Null, wenn $\pi(1) = 3$ wäre. Also muss für einen Summanden, der zur Summe beiträgt, $\pi(1) = 1$ sein. Nun betrachten wir $\pi(2)$. Da schon $\pi(1) = 1$ ist, muss $\pi(2) \neq 1$ sein. Wäre $\pi(2) = 3$, so müsste der Faktor $a_{2,3}$ gewählt werden. Da dieser Null ist, ist auch $\pi(2) = 2$.
Da $\pi$ eine Permutation ist, kann $\pi(3)$ weder 1 noch 2 sein, also muss $\pi(3) = 3$ sein.
Insgesamt haben wir erhalten, dass $\pi$ die Identität sein muss. Da die Identität das Signum 1 hat, schnurrt die gesamte Summe zur Berechung der Determinante auf einen Summanden zusammen, nämlich auf $a_{1,1} \cdot a_{2,2} \cdot a_{3,3} = 2 \cdot 3 \cdot 4 = 24$.

1. **Verallgemeinern Sie dieses Beispiel.**
2. **Berechnen Sie mit Hilfe der Formel** $\det\begin{pmatrix} 3 & 4 & 7 \\ 0 & -1 & 11 \\ 0 & 0 & 5 \end{pmatrix}$.
3. **Berechnen Sie mit Hilfe der Formel** $\det\begin{pmatrix} 2 & 0 & 0 & 0 \\ 6 & 3 & 0 & 0 \\ 7 & 8 & 4 & 0 \\ 9 & 10 & 11 & 5 \end{pmatrix}$.
4. **Formulieren und beweisen Sie einen Satz, der zeigt, wie man die Determinante einer Dreiecksmatrix ausrechnet.**
5. **Berechnen Sie die Determinante** $\det\begin{pmatrix} 0 & 2 & 0 \\ 0 & 0 & 4 \\ 5 & 0 & 0 \end{pmatrix}$.

   **Wie viele Permutationen spielen eine Rolle? Können Sie das Verfahren verallgemeinern?**
6. **Richtig oder falsch? Die Determinante einer n×n-Matrix (n ≥ 2) ist gleich Null, wenn**

   ☐ ein Element gleich Null ist.

   ☐ die Hälfte der Elemente gleich Null ist.

   ☐ es höchstens n von Null verschiedene Elemente gibt.

   ☐ alle Elemente gleich 1 sind.

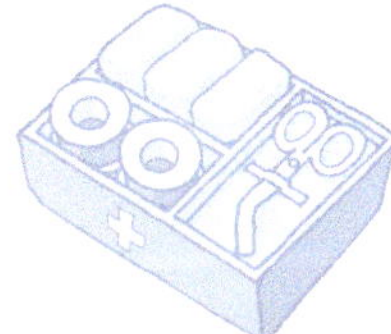

# 7.8 Die Regel von Sarrus

Auf diesen Linien werden die Elemente jeweils multipliziert und gehen mit positivem Vorzeichen in die Summe ein.

Auf diesen Linien werden die Elemente jeweils multipliziert und gehen mit negativem Vorzeichen in die Summe ein.

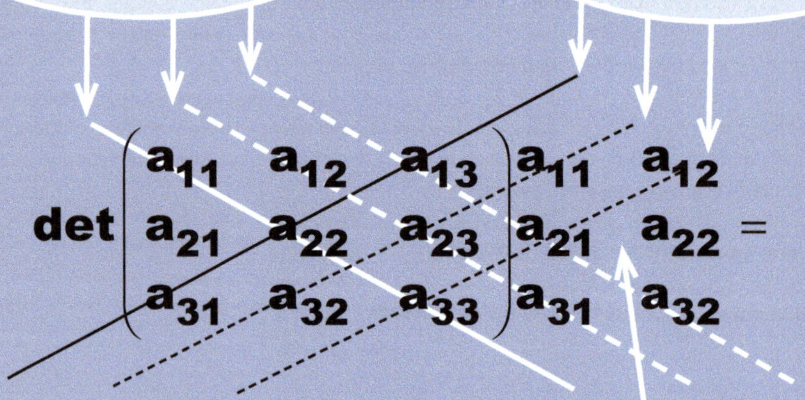

$$\det\begin{pmatrix} a_{11} & a_{12} & a_{13} \\ a_{21} & a_{22} & a_{23} \\ a_{31} & a_{32} & a_{33} \end{pmatrix}\begin{matrix} a_{11} & a_{12} \\ a_{21} & a_{22} \\ a_{31} & a_{32} \end{matrix} =$$

$$a_{11} \cdot a_{22} \cdot a_{33} + a_{12} \cdot a_{23} \cdot a_{31} + a_{13} \cdot a_{21} \cdot a_{32} - a_{31} \cdot a_{22} \cdot a_{13} - a_{32} \cdot a_{23} \cdot a_{11} - a_{33} \cdot a_{21} \cdot a_{12}$$

Um die Regel von Sarrus anwenden zu können, schreibt man am besten die ersten beiden Spalten der Matrix noch einmal rechts von der Matrix auf.

Für 3×3-Matrizen gibt es diese einfach zu merkende Formel. Natürlich gibt es auch für größere Matrizen Formeln, jedoch sind diese nicht so einfach zu merken.

## Aufgaben, Tests, Herausforderungen

1. **Berechnen Sie** $\mathbf{det}\begin{pmatrix} \mathbf{5} & \mathbf{2} & \mathbf{2} \\ \mathbf{2} & \mathbf{5} & \mathbf{2} \\ \mathbf{2} & \mathbf{2} & \mathbf{5} \end{pmatrix}$.

2. **Berechnen Sie** $\mathbf{det}\begin{pmatrix} \mathbf{a} & \mathbf{b} & \mathbf{b} \\ \mathbf{b} & \mathbf{a} & \mathbf{b} \\ \mathbf{b} & \mathbf{b} & \mathbf{a} \end{pmatrix}$.

3. **Geben Sie eine Bedingung dafür an, wann diese Determinante ungleich Null ist.**

4. **Kann man in einer 3×3-Matrix drei Nullen so verteilen, dass alle Summanden der Sarrusschen Formel gleich Null sind? Finden Sie alle solche Möglichkeiten.**

5. **Kann man in einer 3×3-Matrix vier Nullen so verteilen, dass alle Summanden der Sarrusschen Formel gleich Null sind und keine Zeile oder Spalte komplett aus Nullen besteht?**

6. **Beweisen Sie die Regel von Sarrus mit Hilfe der Leibnizschen Formel.**

*Pierre Frédéric Sarrus* (1798–1861), französischer Mathematiker.

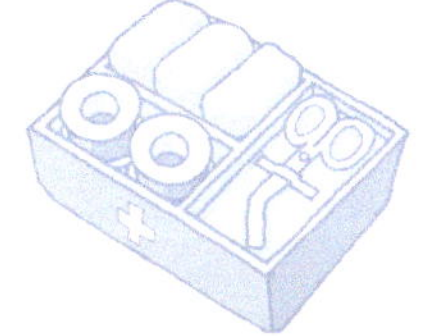

# 7.9 Minor

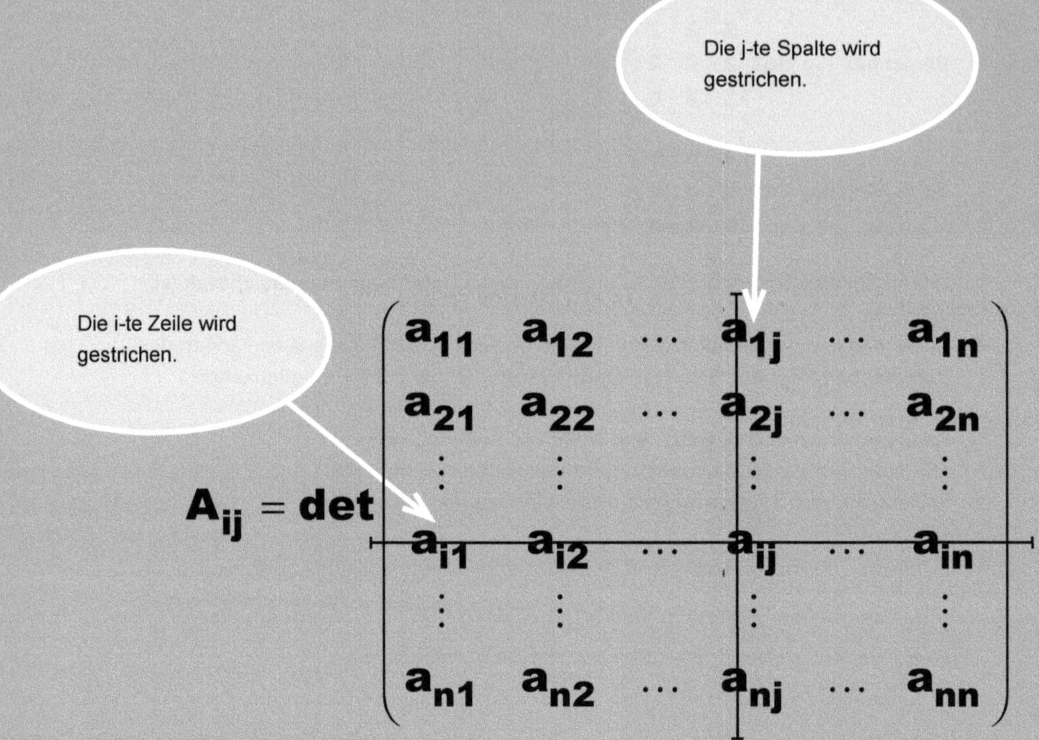


Ein *Minor* $A_{ij}$ einer quadratischen Matrix $A$ ist die Determinante derjenigen Untermatrix, die aus A entsteht, indem die i-te Zeile und die j-te Spalte gestrichen werden.

Zum Beispiel sind die Minoren der Matrix $A = \begin{pmatrix} 1 & 2 & 3 \\ 4 & 5 & 6 \\ 7 & 8 & 9 \end{pmatrix}$ die folgenden Determinanten:

$A_{11} = \det\begin{pmatrix} 5 & 6 \\ 8 & 9 \end{pmatrix} = -3,$ $A_{12} = \det\begin{pmatrix} 4 & 6 \\ 7 & 9 \end{pmatrix} = -6,$ $A_{13} = \det\begin{pmatrix} 4 & 5 \\ 7 & 8 \end{pmatrix} = -3,$

$A_{21} = \det\begin{pmatrix} 2 & 3 \\ 8 & 9 \end{pmatrix} = -6,$ $A_{22} = \det\begin{pmatrix} 1 & 3 \\ 7 & 9 \end{pmatrix} = -12$ $A_{23} = \det\begin{pmatrix} 1 & 2 \\ 7 & 8 \end{pmatrix} = -6,$

$A_{31} = \det\begin{pmatrix} 2 & 3 \\ 5 & 6 \end{pmatrix} = -3,$ $A_{32} = \det\begin{pmatrix} 1 & 3 \\ 4 & 6 \end{pmatrix} = -6,$ $A_{33} = \det\begin{pmatrix} 1 & 2 \\ 4 & 5 \end{pmatrix} = -3.$

## Aufgaben, Tests, Herausforderungen

1. **Berechnen Sie die Minoren der Matrix $\begin{pmatrix} 9 & 8 & 7 \\ 6 & 5 & 4 \\ 3 & 2 & 1 \end{pmatrix}$.**

2. **Welche Minoren hat die Einheitsmatrix?**

3. **Eine Permutationsmatrix ist eine n×n-Matrix aus Nullen und Einsen, die in jeder Spalte und jeder Zeile genau eine Eins hat.**

   a) **Bestimmen Sie alle 3×3-Permutationsmatrizen.**
   b) **Welche Minoren hat eine Permutationsmatrix?**

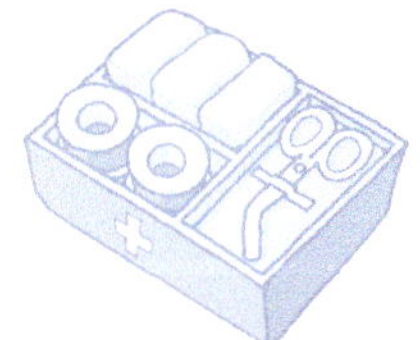

# 7.10 Entwicklung nach einer Zeile

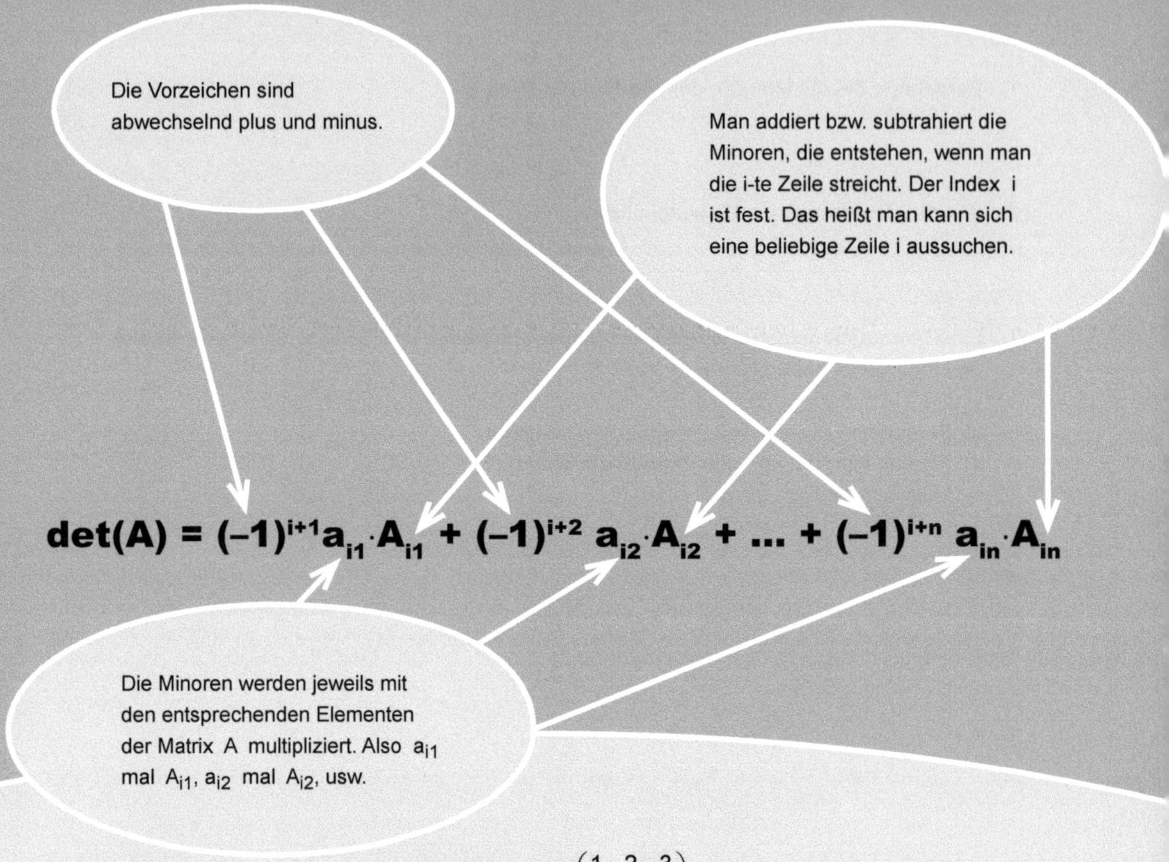

Die Vorzeichen sind abwechselnd plus und minus.

Man addiert bzw. subtrahiert die Minoren, die entstehen, wenn man die i-te Zeile streicht. Der Index i ist fest. Das heißt man kann sich eine beliebige Zeile i aussuchen.

$$\det(A) = (-1)^{i+1} a_{i1} \cdot A_{i1} + (-1)^{i+2} a_{i2} \cdot A_{i2} + \ldots + (-1)^{i+n} a_{in} \cdot A_{in}$$

Die Minoren werden jeweils mit den entsprechenden Elementen der Matrix A multipliziert. Also $a_{i1}$ mal $A_{i1}$, $a_{i2}$ mal $A_{i2}$, usw.

*Beispiel*: Wenn man die Determinante der Matrix $\begin{pmatrix} 1 & 2 & 3 \\ 4 & 5 & 6 \\ 7 & 8 & 9 \end{pmatrix}$ nach der ersten Zeile entwickelt, erhält man

$$\det\begin{pmatrix} 1 & 2 & 3 \\ 4 & 5 & 6 \\ 7 & 8 & 9 \end{pmatrix} = 1 \cdot \det\begin{pmatrix} 5 & 6 \\ 8 & 9 \end{pmatrix} - 2 \cdot \det\begin{pmatrix} 4 & 6 \\ 7 & 9 \end{pmatrix} + 3 \cdot \det\begin{pmatrix} 4 & 5 \\ 7 & 8 \end{pmatrix} = -3 + 12 - 9 = 0 .$$

*Bemerkung*: Auf den ersten Blick scheinen die Vorzeichen verwirrend zu sein, man blickt nicht durch, wann man +1 und wann man –1 wählen muss. Das wird aber durch folgendes Schema sehr klar:

$$\begin{pmatrix} + & - & + & - & \cdots \\ - & + & - & + & \cdots \\ + & - & + & - & \cdots \\ - & + & - & + & \cdots \\ \vdots & \vdots & \vdots & \vdots & \ddots \end{pmatrix}$$

## Aufgaben, Tests, Herausforderungen

1. **Schreiben Sie explizit die Entwicklung nach der ersten Zeile auf!**

2. **Schreiben Sie explizit die Entwicklung nach der zweiten Zeile auf!**

3. **Berechnen Sie mit Hilfe der Entwicklung nach der ersten Zeile**

$$\det\begin{pmatrix} 9 & 8 & 7 \\ 6 & 5 & 4 \\ 3 & 2 & 1 \end{pmatrix}.$$

4. **Schreiben Sie die Entwicklung nach der 1. Spalte (beziehungsweise nach der i-ten Spalte) auf.**

Die Entwicklungsformel geht auf den französischen Mathematiker *Pierre-Simone Laplace* (1749–1827) zurück.

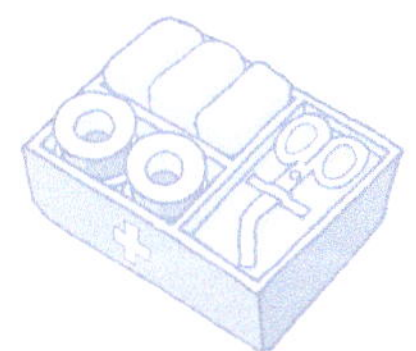

# 8 Gruppen

Neutrales Element

Inverses Element

Assoziativgesetz

Gruppe

Ordnung eines Elements

Der Satz von Lagrange

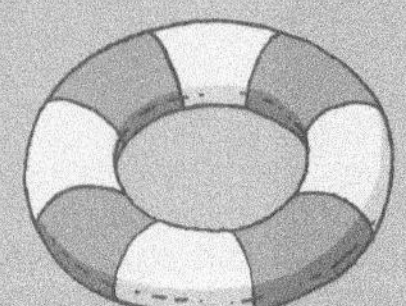

# 8.1 Neutrales Element

- **Das neutrale Element hat keine Wirkung.**
  Das meint man, es ist aber – mathematisch gesehen – nicht richtig. Seine Wirkung besteht allerdings darin, dass es nichts ändert.
- **Das neutrale Element ändert nichts.**
  Diese Beschreibung bleibt immer noch sehr im Allgemeinen.
- **Das neutrale Element lässt jedes andere Element unverändert.**
  Hier ist schon zu erahnen, dass sich das neutrale Element über seine Wirkung auf die anderen Elemente definiert.
- **Wenn man das neutrale Element mit einem anderen Element verknüpft, ergibt sich das andere Element wieder.**
  Jetzt wird die Wirkung deutlicher: Es handelt sich um eine Verknüpfung.
- **Wenn man das neutrale Element $e$ mit irgendeinem Element $g$ verknüpft, erhält man wieder $g$.**
  Das ist die vorige Formulierung präzise gemacht.
- **Für das neutrale Element $e$ gilt: $g \circ e = g$ für jedes andere Element.**
  Jetzt sind wir in die mathematische Sprache eingestiegen. Was noch fehlt, ist die Beschreibung der Struktur, in der sich alles abspielt.
- **Sei $G$ eine Menge mit einer Verknüpfung $\circ$. Wir nennen ein Element $e \in G$ ein neutrales Element, wenn für jedes $g \in G$ gilt: $g \circ e = g$ und $e \circ g = g$.**
  Mit dieser Definition kann man arbeiten.

## Aufgaben, Tests, Herausforderungen

1. **Bestimmen Sie die neutralen Elemente in folgenden Strukturen:**
   ($\mathbf{Z}$, +)
   ($\mathbf{Q}$, +)
   ($\mathbf{Q}\setminus\{0\}$, ·)
   ($\mathbf{Z}_n$, +)
   ($\mathbf{Z}_n\setminus\{0\}$, ·)
   $S_n$

2. **Welche der folgenden Strukturen besitzt ein neutrales Element? Bestimmen Sie dieses gegebenenfalls.**
   **N** mit der Verknüpfung $a \circ b := a+b$
   **N** mit der Verknüpfung $a \circ b := a \cdot b$
   **N** mit der Verknüpfung $a \circ b := 2a+b$
   **Z** mit der Verknüpfung $a \circ b := |a \cdot b|$
   **Z** mit der Verknüpfung $a \circ b := |a + b|$
   **Z** mit der Verknüpfung $a \circ b :=$ größte ganze Zahl $\leq (a+b)/2$

3. **Führen Sie die Annahme, dass es zwei neutrale Elemente e und e' bezüglich einer Operation gibt, zum Widerspruch. (Tipp: Rechnen Sie e∘e' auf zwei Arten aus!)**

4. **Welche der folgenden Strukturen hat ein neutrales Element?**

   - ☐ ($\mathbf{Z}$, +)
   - ☐ (2$\mathbf{Z}$, +)
   - ☐ ($\mathbf{N}$, +)
   - ☐ ($\mathbf{Z}$, · )
   - ☐ (2$\mathbf{Z}$, · )
   - ☐ (2$\mathbf{Z}$+1, · )
   - ☐ ($\mathbf{Q}$, · )

*Bemerkung:* In den Definitionen von Gruppen, Ringen, Körpern, Vektorräumen wird immer die Existenz eines neutralen Elements (bezüglich der jeweiligen Operationen) gefordert. Insbesondere heißt das, dass man in diesen Fällen nicht von der leeren Menge spricht.

# 8.2 Inverses Element

- **Das inverse Element macht das ursprüngliche Element rückgängig.**
  Das ist eine sehr grobe Vorstellung.
- **Das inverse Element neutralisiert das ursprüngliche.**
  Die Formulierung „neutralisiert" weist auf das neutrale Element hin, das bei der Definition von inversen Elementen eine entscheidende Rolle spielt.
- **Ein inverses Element macht die Wirkung des ursprünglichen Elements rückgängig.**
  Hier ist von der Wirkung die Rede. Die Elemente bleiben, nur die Wirkung wird rückgängig gemacht.
- **Wenn man das inverse Element mit dem Element verknüpft, ergibt sich das neutrale Element.**
  Jetzt wird deutlich: Man kann das inverse Element nur definieren, wenn es ein neutrales Element gibt.
- **Wenn man das inverse Element $g^{-1}$ mit $g$ verknüpft, erhält man das neutrale Element $e$.**
  Das ist die obige Formulierung präzise gemacht.
- **Für das inverse Element $g^{-1}$ gilt: $g^{-1} \circ g = e$.**
  Es fehlt noch die Bedingung $g \circ g^{-1} = e$, aber sonst ist diese Beschreibung schon sehr brauchbar.
- **Sei $G$ eine Menge mit einer Verknüpfung $\circ$ und einem neutralen Element $e$. Sei $g \in G$. Ein Element $g' \in G$ wird invers zu $g$ genannt, wenn die folgenden Gleichungen gelten: $g' \circ g = e$ und $g \circ g' = e$. Wenn das zu $g$ inverse Element eindeutig ist, wird es üblicherweise mit $g^{-1}$ bezeichnet. (Falls die Verknüpfung $\circ$ additiv interpretiert wird, bezeichnet man das zu $g$ inverse Element auch mit $-g$.)**
  So wird alles klar und deutlich.

## Aufgaben, Tests, Herausforderungen

1. **Bestimmen Sie die inversen Elemente von 3 in**
   ($\mathbf{Z}_5$, +)
   ($\mathbf{Z}_8$, +)
   ($\mathbf{Z}_5^*$, · )
   ($\mathbf{Z}_8^*$, · )
   ($\mathbf{Z}_{11}^*$, · )

2. **Bestimmen Sie in $S_5$ die inversen Elemente von**
   (1 2)
   (1 2 3)
   (1 2 3 4)
   (1 2 3 4 5)

3. **Welche Polynome (mit reellen Koeffizienten) haben ein multiplikatives Inverses? (Was ist das neutrale Element bezüglich der Multiplikation von Polynomen?)**

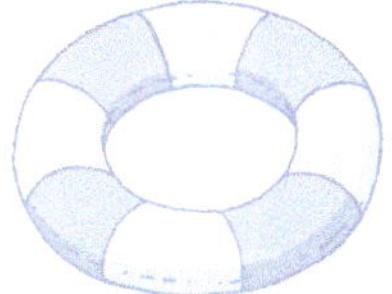

# 8.3 Assoziativgesetz

- **„Assoziativ" heißt, dass man Klammern weglassen darf.**
  Das ist zwar in gewissem Sinne richtig, aber so ist diese Aussage noch völlig unverständlich.
- **Das Assoziativgesetz bedeutet, dass man Elemente frei kombinieren darf.**
  Richtig. Aber: Was heißt „frei kombinieren", und was heißt „man darf"?
- **Das Assoziativgesetz bedeutet, dass es auf die Reihenfolge der Elemente nicht ankommt.**
  Das ist gefährlich! Diese Formulierung passt nämlich besser zum Kommutativgesetz.
- **Das Assoziativgesetz bedeutet, dass man einerseits zwei Elemente miteinander verknüpft und das Ergebnis dann mit einem dritten, und andererseits das erste Element mit dem Ergebnis der Verknüpfung des zweiten und dritten, und dass beides Mal das Gleiche herauskommt.**
  Hier wird zum einen erklärt, welche Elemente man betrachtet, und zum anderen, was es heißt „man darf frei kombinieren" (nämlich dass in beiden Fällen das Gleiche herauskommt.) Man merkt aber auch, dass man sich sehr schwer tut, dieses Gesetz allein mit Worten zu formulieren.
- **Wenn das Assoziativgesetz gilt, dann erhält man das gleiche Ergebnis, unabhängig davon, ob man zunächst a mit b und das Ergebnis mit c verknüpft, oder ob man a mit dem Ergebnis der Verknüpfung von b und c verknüpft.**
  Welche Wohltat ist es, Bezeichnungen einzuführen!
- **Sei $G$ eine Menge mit einer Verknüpfung $\circ$. Wenn das Assoziativgesetz gilt, dann erhält man das gleiche Ergebnis, unabhängig davon, ob man $a \circ b$ mit c verknüpft, oder ob man a mit $b \circ c$ verknüpft.**
  Jetzt wird auch die Verknüpfung benannt, und so kann man die Elemente viel einprägsamer darstellen.
- **Sei $G$ eine Menge mit einer Verknüpfung $\circ$. Wenn das Assoziativgesetz gilt, dann gilt $(a \circ b) \circ c = a \circ (b \circ c)$.**
  Endlich ist klar, welche Elemente gleich sein sollen (nämlich $(a \circ b) \circ c$ und $a \circ (b \circ c)$).
- **Sei $G$ eine Menge mit einer Verknüpfung $\circ$. Wir sagen, dass das Assoziativgesetz für $G$ erfüllt ist, wenn für alle $a, b, c \in G$ die Gleichung $(a \circ b) \circ c = a \circ (b \circ c)$ gilt.**
  Schließlich wird hier noch gesagt, dass diese Gleichung für alle $a, b, c \in G$ gelten soll.

# Aufgaben, Tests, Herausforderungen

1. **Das Assoziativgesetz gilt in fast allen Strukturen, mit denen wir tagtäglich umgehen. Machen Sie sich klar, dass in den folgenden Strukturen das Assoziativgesetz gilt:**
   $(\mathbf{N}, +)$, $(\mathbf{Z}, +)$, $(\mathbf{Q}, +)$,$(\mathbf{R}, +)$
   $(\mathbf{N}\setminus\{0\}, \cdot)$, $(\mathbf{Z}\setminus\{0\}, \cdot)$, $(\mathbf{Q}\setminus\{0\}, \cdot)$, $(\mathbf{R}\setminus\{0\}, \cdot)$
   $(\mathbf{Z}_n, +)$, $(\mathbf{Z}_n\setminus\{0\}, \cdot)$, $(\mathbf{Z}_n^*, \cdot)$
   $S_n$

2. **Man kann auch fragen, ob ein Assoziativgesetz für vier Elemente a, b, c, d gilt. Dazu müsste man zeigen, dass alle Klammerungen dieser vier Elemente, also zum Beispiel $(a \circ b) \circ (c \circ d)$, $(a \circ (b \circ c)) \circ d$ usw. das gleiche Ergebnis liefern. Zeigen Sie: Wenn in einer Struktur das Assoziativgesetz für je drei Elemente gilt, so gilt es auch für je vier Elemente.**

3. **Betrachten Sie folgende Verknüpfungstabelle:**

| ∘ | e | a | b | c | d |
|---|---|---|---|---|---|
| e | e | a | b | c | d |
| a | a | e | d | b | c |
| b | b | c | a | d | e |
| c | c | d | e | a | b |
| d | d | b | c | e | a |

   **Machen Sie sich klar, dass es ein neutrales Element gibt und dass alle Gleichungen der Form $a \circ x = b$ und $x \circ a = b$ lösbar sind. (Man nennt solche Strukturen „Quasigruppen".) Zeigen Sie, dass das „Element" $a \circ a \circ b$ nicht definiert ist, weil unterschiedliche Klammerungen verschiedene Ergebnisse liefern.**

*Bemerkung*: Wenn das Assoziativgesetz gilt, kann man ohne Gefahr $a \circ b \circ c$ schreiben, denn bei jeder möglichen Klammerung ergibt sich das gleiche Ergebnis. Insofern kann man tatsächlich „Klammern weglassen".

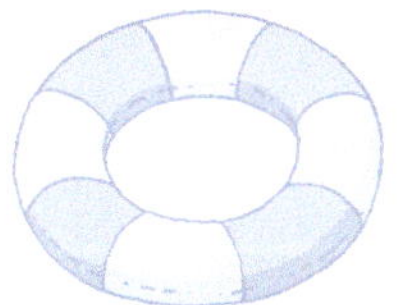

# 8.4 Gruppe

Um eine Verknüpfungstafel einer Gruppe $G$ aufzustellen, werden die Elemente der Gruppe in gleicher Reihenfolge in die erste Zeile und die erste Spalte geschrieben.

Man erkennt das neutrale Element daran, dass in der entsprechende Zeile und Spalte die Elemente in der Reihenfolge der ersten Zeile und Spalte wiederholt werden. So zeigen sich die Gesetze $e \circ x = x$ und $x \circ e = x$ für alle $x \in G$.

| ∘ | e | a | b | c | d | f | g | h |
|---|---|---|---|---|---|---|---|---|
| e | e | a | b | c | d | f | g | h |
| a | a | b | c | e | h | d | f | g |
| b | b | c | e | a | g | h | d | f |
| c | c | e | a | b | f | g | h | d |
| d | d | f | g | h | e | a | b | c |
| f | f | g | h | d | c | e | a | b |
| g | g | h | d | f | b | c | e | a |
| h | h | d | f | g | a | b | c | e |

In jeder Zeile und jeder Spalte kommt das neutrale Element $e$ vor. Das zeigt, dass das Element, das die Zeile bzw. Spalte definiert, ein inverses Element hat.

In jeder Spalte kommt jedes Element der Gruppe vor. Das zeigt, dass die Gleichung $x \circ g = h$ für alle Elemente $g, h$ einer Gruppe eindeutig lösbar ist.

In jeder Zeile kommt jedes Element der Gruppe vor. Das zeigt, dass die Gleichung $g \circ x = h$ für alle Elemente $g, h$ einer Gruppe eindeutig lösbar ist.

Sei $G$ eine Menge zusammen mit einer Verknüpfung $\circ$, die je zwei Elementen $g, h \in G$ wieder ein Element $g \circ h \in G$ zuweist. Die Menge $G$ zusammen mit $\circ$ wird eine *Gruppe* genannt, wenn folgende Bedingungen erfüllt sind:

- Assoziativgesetz,
- Existenz eines neutralen Elements,
- Existenz eines inversen Elements zu jedem Element von $G$.

## Aufgaben, Tests, Herausforderungen

**1. Welche der folgenden Mengen sind Gruppen bezüglich der Addition?**

- ☐ $\mathbf{Z}$
- ☐ $\mathbf{N}$
- ☐ $2\mathbf{Z} = \{2z \mid z \in \mathbf{Z}\}$
- ☐ $\mathbf{Z}\backslash\{0\}$

**2. Welche der folgenden Mengen sind Gruppen bezüglich der Multiplikation?**

- ☐ $\mathbf{Z}$
- ☐ $\mathbf{Q}\backslash\{0\}$
- ☐ $\mathbf{Z}\backslash\{0\}$
- ☐ $\mathbf{R}\backslash\{0\}$

**3. Welche der folgenden Mengen sind Gruppen?**

- ☐ $(\mathbf{Z}_8, +)$
- ☐ $(\mathbf{Z}_8, \cdot)$
- ☐ $(\mathbf{Z}_8\backslash\{0\}, \cdot)$
- ☐ $(\mathbf{Z}_8^*, \cdot)$

**4. Welche der folgenden Mengen sind Gruppen bezüglich der Hintereinanderausführung von Abbildungen?**

- ☐ $S_3$
- ☐ $S_4$
- ☐ Menge der Spiegelungen der Ebene
- ☐ Menge der Verschiebungen der Ebene

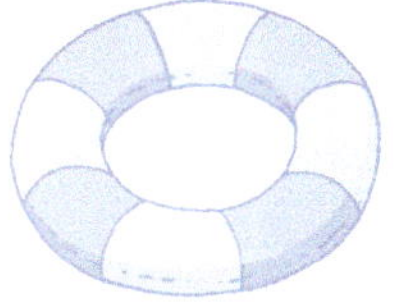

# 8.5 Ordnung eines Elements

Man bildet so lange Potenzen von g, bis eine Potenz gleich dem neutralen Element ist. Die kleinste positive Zahl k mit $g^k = e$ nennt man die *Ordnung* des Elements g und schreibt dafür ord(g) = k. Wenn es keine natürliche Zahl $k \geq 1$ gibt mit $g^k = e$, dann sagt man, g hat *Ordnung unendlich* und schreibt dafür $\mathrm{ord}(g) = \infty$.

g ist ein beliebiges Element einer Gruppe G.

$$g,\ g^2,\ g^3,\ g^4,\ \ldots,\ g^{k-1},\ g^k = e$$

$g^2$ ist definiert als $g^2 = g \circ g$, wobei $\circ$ die Verknüpfung in der Gruppe g ist. Entsprechend ist $g^3 = g \circ g \circ g$, und so weiter.

## Aufgaben, Tests, Herausforderungen

1. **Welche der folgenden Aussagen sind richtig?**

   ☐ In jeder Gruppe gibt es ein Element der Ordnung 1.

   ☐ In jeder Gruppe gibt es genau ein Element der Ordnung 1.

   ☐ In einer endlichen Gruppe G (also einer Gruppe mit nur endlichen vielen Elementen) hat jedes Element endliche Ordnung.

   ☐ In einer unendlichen Gruppe hat jedes Element $\neq e$ unendliche Ordnung.

2. **Bestimmen Sie die Ordnungen der Elemente der Gruppe $S_3$ (= Menge aller Permutationen der Menge {1, 2, 3} mit der Hintereinanderausführung als Operation).**

3. **Bestimmen Sie die Ordnungen der Elemente der Gruppe $S_4$.**

4. **Welche Ordnungen haben die Elemente in $\mathbf{Z}_5$? Welche die in $\mathbf{Z}_6$?**

5. **Welche Ordnungen haben die Elemente in $\mathbf{Z}_6^*$ und $\mathbf{Z}_7^*$?**

6. **Bestimmen Sie die Gruppe der Symmetrieabbildungen eines Quadrats. Bestimmen Sie die Ordnungen der Elemente dieser Gruppe.**

*Bemerkung*. Man spricht auch von der *Ordnung einer Gruppe*. Das ist einfach ihre Mächtigkeit. Zum Beispiel hat $S_3$ die Ordnung 6.

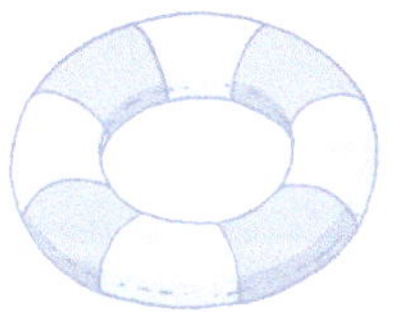

# 8.6 Der Satz von Lagrange

*Beweis.* Jede Nebenklasse $gU$ hat genau so viele Elemente wie $U$ (denn die Abbildung $f: U \to gU$, die durch $f(u) := gu$ definiert ist, ist bijektiv). Da verschiedene Nebenklassen disjunkt sind und jedes Element von $G$ in einer Nebenklasse liegt, ist $G$ die disjunkte Vereinigung der $|G:U|$ Nebenklassen, von denen jede $|U|$ Elemente hat. Daraus folgt die Behauptung.

Der Satz von Lagrange macht eine Aussage über endliche Gruppen, also Gruppen $G$ mit einer endlichen Anzahl von Elementen.

Untergruppe von $G$. Eine Teilmenge $U$ von $G$ wird eine *Untergruppe* genannt, wenn $U$ zusammen mit der Verknüpfung auf $G$ eine Gruppe ist.

$$|G| = |U| \cdot |G:U|$$

Der *Index* von $G$ nach $U$. Das ist die Anzahl der **Nebenklassen** von $U$ in $G$.

Für ein Element $g \in G$ definiert man die *Nebenklasse* $gU$ durch $gU := \{gu \mid u \in U\}$; man nennt $g$ *Repräsentanten* der Nebenklasse $gU$. Eine Nebenklasse hat im Allgemeinen viele Repräsentanten: genau die $h \in G$ mit $hg^{-1} \in U$ sind Repräsentanten der Nebenklasse $U$. Zwei Nebenklassen sind gleich oder disjunkt.

## Aufgaben, Tests, Herausforderungen

**1. Welche der folgenden Mengen sind Untergruppen von ($\mathbf{Z}$, +) ?**

- ☐ Die Menge der geraden ganzen Zahlen ($2\mathbf{Z} = \{2z \mid z \in \mathbf{Z}\}$)
- ☐ Die Menge der nichtnegativen geraden Zahlen ($2\mathbf{N} = \{2z \mid z \in \mathbf{N}\}$)
- ☐ Die Menge der ungeraden ganzen Zahlen ($2\mathbf{Z}+1 = \{2z+1 \mid z \in \mathbf{Z}\}$)
- ☐ Die Menge der durch 6 teilbaren ganzen Zahlen ($6\mathbf{Z} = \{6z \mid z \in \mathbf{Z}\}$)

**2. Wie viele Nebenklassen haben die folgenden Untergruppen von ($\mathbf{Z}$, +)?**

- ☐ $2\mathbf{Z}$
- ☐ $7\mathbf{Z}$
- ☐ $n\mathbf{Z}$
- ☐ $0\mathbf{Z}$

**3. Welche Ordnungen können Untergruppen der folgenden Gruppe haben?**

- ☐ $(\mathbf{Z}_7, +)$
- ☐ $(\mathbf{Z}_6, +)$
- ☐ $(\mathbf{Z}_8, +)$
- ☐ $(\mathbf{Z}_n, +)$

*Bemerkung*: *Joseph Louis de Lagrange* (1736–1813), eigentlich Giuseppe Lodovico Lagrangia, war italienischer Mathematiker.

# 9 Vektorräume

Linearkombination

Erzeugnis

Linear unabhängig

Basis

Linear abhängig

Unterraum

Nebenklasse

Faktorraum

Lineare Abbildung

Auto Endo Homo Iso

Die Darstellungsmatrix

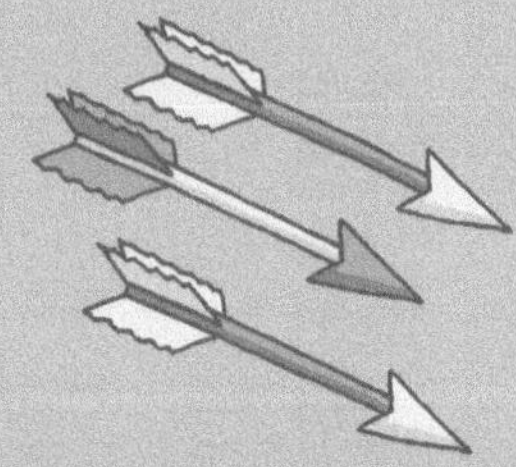

# 9.1 Linearkombination

- Eine Linearkombination von Vektoren ist das, was man mit diesen Vektoren erzeugen kann.
  Intuitive Vorstellung, aber es ist nicht klar, was „erzeugen" bedeutet.
- Man erhält eine Linearkombination von Vektoren, indem man jeden Vektor mit einer Zahl multipliziert und die Vektoren dann addiert.
  In dieser Formulierung wird verbal beschrieben, was „erzeugen" bedeutet.
- Man erhält eine Linearkombination der drei Vektoren $u, v, w$, indem man diese mit Zahlen $a, b, c$ multipliziert und dann $au, bv, cw$ addiert.
  Hier wird – am Beispiel einer Linearkombination aus drei Vektoren – klar, welche Vektoren addiert werden.
- Ein Vektor $x$ ist eine Linearkombination der drei Vektoren $u, v, w$, falls es Zahlen $a, b, c$ gibt mit $x = au + bv + cw$.
  Das ist eine exakte Definition für eine reelle Linearkombination aus drei Vektoren.
- Eine Linearkombination der Vektoren $v_1, v_2, \ldots, v_m$ eines K-Vektorraums $V$ ist ein Vektor der Form $k_1v_1 + k_2v_2 + \ldots + k_mv_m$ für $k_1, k_2, \ldots, k_m \in K$.
  Hierbei wird die bisherige Definition in zwei Weisen verallgemeinert: Zum einen auf beliebig viele Vektoren (nämlich eine endliche Anzahl von $m$ Vektoren) und zum zweiten für Vektorräume über einem beliebigen Köper $K$.

## Aufgaben, Tests, Herausforderungen

1. **Welche der folgenden Vektoren des $\mathbf{R}^3$ sind Linearkombinationen der Vektoren (1, 0, 1) und (1, 2, 3)?**

   - ☐ (1, 1, 1)
   - ☐ (0, 1, 1)
   - ☐ (0, 1, 2)
   - ☐ (0, 1, 3)

2. **Bestimmen Sie unter den folgenden Vektoren des $\mathbf{R}^3$ alle Paare, so dass der Vektor (1, 1, 1) eine Linearkombination dieser beiden Vektoren ist.**

   (–1, 1, 1)

   (1, –1, 1)

   (1, 1, –1)

   (0, 1, 1)

   (1, 0, 1)

   (1, 1, 0)

   (0, 1, 2)

   (2, 0, 1)

   (1, 2, 0)

   (0, 2, 1)

   (2, 1, 0)

   (0, 2, 1)

# 9.2 Erzeugnis

- **Das Erzeugnis einer Menge von Vektoren sind alle Vektoren, die von diesen Vektoren erzeugt werden.**
  **Hier wird das „Erzeugnis" durch das „Erzeugen" definiert. Das ist zumindest gefährlich. Es ist ganz klar, dass man das Erzeugnis viel weniger missverständlich beschreiben muss.**

- **Das Erzeugnis von Vektoren besteht aus allen Linearkombinationen dieser Vektoren.**
  **Dies scheint nur ein kleiner Schritt zu sein, ist aber schon fast die ganze Wahrheit.**

- **Das Erzeugnis der Vektoren $v_1, v_2, \ldots, v_m$ eines Vektorraums V sind die Linearkombinationen von $v_1, v_2, \ldots, v_m$, also alle Vektoren der Form $k_1v_1 + k_2v_2 + \ldots + k_mv_m$, wobei $k_1, k_2, \ldots, k_m$ Elemente des zugrundeliegenden Körpers K sind.**
  **Diese Formulierung gibt zu keinen Missverständnissen Anlass.**

- **Das Erzeugnis der Vektoren $v_1, v_2, \ldots, v_m$ eines K-Vektorraums V ist definiert als $<v_1, v_2, \ldots, v_m> := \{k_1v_1 + k_2v_2 + \ldots + k_mv_m \mid k_1, k_2, \ldots, k_m \in K\}$.**
  **Damit wird schließlich noch die Bezeichnung für das Erzeugnis eingeführt.**

- **Das Erzeugnis einer Menge X von Vektoren des Vektorraums V ist die Menge $<X>$ aller Linearkombinationen, die man mit den Vektoren aus X bilden kann.**
  **Die Menge X darf auch unendlich sein. Die Linearkombinationen werden dann jeweils aus endlich vielen Vektoren aus X gebildet.**

# Aufgaben, Tests, Herausforderungen

**1. Das Erzeugnis der Vektoren v und w ist**

- ☐ der gesamte Vektorraum.
- ☐ die Menge aller Vielfachen von v zusammen mit der Menge aller Vielfachen von w.
- ☐ die Menge aller Linearkombinationen von v und w.
- ☐ ein Unterraum der Dimension 2.

**2. Beschreiben Sie die folgenden Teilmengen U des $\mathbf{R}^3$ als Erzeugnisse von höchstens zwei Vektoren.**

$U = \{(x, x, y) \mid x, y \in \mathbf{R}\}$

$U = \{(x, x+y, x-y) \mid x, y \in \mathbf{R}\}$

$U = \{(x, y, z) \mid x, y, z \in \mathbf{R}, x + y + z = 0\}$

$U = \{(x, y, z) \mid x, y, z \in \mathbf{R}, 2x + 3y - z = 0\}$

# 9.3 Linear unabhängig

- ► **Vektoren sind linear unabhängig, wenn andere Vektoren so sparsam wie möglich dargestellt werden.**
  **Diese Formulierung gibt zwar die Richtung vor, man kann aber nicht mit ihr arbeiten.**

- ► **Eine Menge von Vektoren ist linear unabhängig, wenn jeder Vektor auf höchstens eine Art und Weise dargestellt werden kann.**
  **Damit wird der Begriff „sparsam" präzisiert.**

- ► **Eine Menge von Vektoren ist linear unabhängig, wenn jeder Vektor auf höchstens eine Weise als Linearkombination dargestellt werden kann.**
  **Jetzt wird erklärt, was unter „darstellen" zu verstehen ist, nämlich „darstellen als Linearkombination".**

- ► **Eine Menge von Vektoren ist linear unabhängig, wenn alle Linearkombinationen dieser Vektoren verschieden sind.**
  **Dies ist eine Umformulierung der vorigen Beschreibung.**

- ► **Die Vektoren $v_1, v_2, \ldots, v_n$ sind linear unabhängig, wenn alle Linearkombinationen $k_1v_1 + k_2v_2 + \ldots + k_nv_n$ verschieden sind.**
  **Der Vorteil der Einführung von Bezeichnungen ist, dass man jetzt genau weiß, welche Linearkombinationen gemeint sind.**

- ► **Die Vektoren $v_1, v_2, \ldots, v_n$ sind linear unabhängig, wenn aus $k_1v_1 + k_2v_2 + \ldots + k_nv_n = h_1v_1 + h_2v_2 + \ldots + h_nv_n$ folgt, dass $k_1 = h_1, k_2 = h_2, \ldots$ und $k_n = h_n$ ist.**
  **Diese Formulierung sagt, was man tun muss, um nachzuweisen, dass alle Linearkombinationen verschieden sind.**

- ► **Die Vektoren $v_1, v_2, \ldots, v_n$ sind linear unabhängig, wenn aus $(k_1-h_1)v_1 + (k_2-h_2)v_2 + \ldots + (k_n-h_n)v_n = o$ folgt, dass $k_1 = h_1, k_2 = h_2, \ldots$ und $k_n = h_n$ ist.**
  **Dies ist eine mathematische Umformulierung der vorigen Aussage.**

- ► **Die Vektoren $v_1, v_2, \ldots, v_n$ sind linear unabhängig, wenn aus $a_1v_1 + a_2v_2 + \ldots + a_nv_n = o$ folgt, dass $a_1 = 0, a_2 = 0, \ldots$ und $a_n = 0$ ist.**
  **Statt $k_i-h_i$ schreiben wir $a_i$ und erhalten die Standarddefinition der Linearen Unabhängigkeit. Das Erstaunliche ist, dass man die Eindeutigkeit der Darstellung nur am Nullvektor testen muss.**

## Aufgaben, Tests, Herausforderungen

**1. Richtig oder falsch?**

☐ Jede Teilmenge einer linear unabhängigen Menge ist linear unabhängig.

☐ Jede Obermenge einer linear unabhängigen Menge ist linear unabhängig.

☐ In jedem Vektorraum gibt es eine linear unabhängige Menge, die aus genau einem Vektor besteht.

☐ In jedem Vektorraum ist die leere Menge eine linear unabhängige Menge.

**2. Sei $M = \{v, w\}$ eine Menge von zwei Vektoren im $\mathbf{R}^2$. Richtig oder falsch?**

☐ $M$ ist genau dann linear unabhängig, wenn $v$ und $w$ ungleich dem Nullvektor sind.

☐ $M$ ist genau dann linear unabhängig, wenn man mit den Vektoren aus $M$ den Nullvektor nur als $o = 0 \cdot v + 0 \cdot w$ linear kombinieren kann.

☐ $M$ ist genau dann linear unabhängig, wenn keiner der Vektoren aus $M$ ein skalares Vielfaches des anderen ist.

☐ $M$ ist genau dann linear unabhängig, wenn $v \neq -w$ ist.

**3. Sei $M = \{u, v, w\}$ eine Menge von drei Vektoren im $\mathbf{R}^3$. Richtig oder falsch?**

☐ $M$ ist genau dann linear unabhängig, wenn der Nullvektor nur eine Darstellung als Linearkombination der Vektoren u,v,w hat.

☐ $M$ ist genau dann linear unabhängig, wenn der Nullvektor nur als $0 \cdot u + 0 \cdot v + 0 \cdot w$ darstellbar ist.

☐ $M$ ist genau dann linear unabhängig, wenn keiner der Vektoren ein skalares Vielfaches eines der anderen ist.

☐ $M$ ist genau dann linear unabhängig, wenn je zwei der Vektoren aus $M$ linear unabhängig sind.

**4. Sei $\{v_1, v_2, v_3\}$ eine Menge von linear unabhängigen Vektoren eines $\mathbf{R}$-Vektorraums. Zeigen Sie, dass dann auch die folgenden Mengen linear unabhängig sind:**

$\{v_1, v_2\}$

$\{v_1, v_2, v_1 + v_3\}$

$\{v_1, v_1 + v_2, v_1 + v_2 + v_3\}$

$\{v_1 + v_2, v_2 + v_3, v_3 + v_1\}$

$\{v_1 - v_2, v_2 - v_3, v_3 - v_1\}$

$\{v_1 + v_2 - v_3, v_2 + v_3 - v_1, v_3 + v_1 - v_2\}$

# 9.4 Basis

**Die folgenden Aussagen charakterisieren jeweils eine Basis eines Vektorraums.**

- **Eine Basis des Vektorraums ist eine Menge von Vektoren, die linear unabhängig und ein Erzeugendensystem von $V$ ist. Kurz: Eine Basis ist ein linear unabhängiges Erzeugendensystem.**
  Das ist die „übliche" Definition, die man in den meisten Lehrbüchern findet.
- **Eine Menge von Vektoren ist genau dann eine Basis, wenn sie maximal linear unabhängig ist.**
  „Maximal" heißt nicht „die größte Anzahl", sondern es bedeutet, dass das Hinzufügen eines beliebigen weiteren Vektors die Menge linear abhängig macht. Daher kann dieses Kriterium auch auf Vektorräume unendlicher Dimension angewandt werden.
- **Eine Menge von Vektoren ist genau dann eine Basis, wenn sie ein minimales Erzeugendensystem ist.**
  Auch hier geht es nicht um die kleinste Anzahl. Vielmehr wird eine Menge minimales Erzeugendensystem genannt, wenn das Weglassen irgendeines Vektors dazu führt, dass die Menge kein Erzeugendensystem mehr ist. Auch dieses Kriterium kann auf Vektorräume beliebiger Dimension angewandt werden.
- **Eine Menge $B$ von Vektoren ist genau dann eine Basis, wenn jeder Vektor eine eindeutige Linearkombination der Vektoren aus $B$ ist.**
  Hier wird Existenz und Eindeutigkeit gefordert: Jeder Vektor ist eine Linearkombination aus Basisvektoren und diese Linearkombination ist eindeutig.
- **In einem Vektorraum der endlichen Dimension $n$ gilt: Eine linear unabhängige Menge von Vektoren ist genau dann eine Basis, wenn sie genau $n$ Elemente enthält.**
  Eine linear unabhängige Menge hat höchstens $n$ Elemente. Insofern ist eine Basis eine linear unabhängige größtmöglicher Mächtigkeit.
- **In einem Vektorraum der endlichen Dimension $n$ gilt: Ein Erzeugendensystem ist genau dann eine Basis, wenn es aus genau $n$ Vektoren besteht.**
  Ein Erzeugendensystem hat mindestens $n$ Elemente. Daher ist eine Basis ein Erzeugendensystem kleinstmöglicher Mächtigkeit.

## Aufgaben, Tests, Herausforderungen

**1. Sind folgende Mengen Basen des $\mathbf{R}^3$?**

- ☐ {(1, 0, 0), (1, 1, 0), (1, 1, 1)}
- ☐ {(1, 2, 3), (3, 1, 2), (2, 3, 1)}
- ☐ {(1, 1, 1), (2, 2, 2), (3, 3, 3)}
- ☐ {(1, 1, 1), (1, 1, 2), (1, 1, 3)}
- ☐ {(1, 1, 1), (1, 2, 3), (2, 3, 4)}

**2. Sind folgende Mengen Basen des $\mathbf{R}^n$?**

- ☐ Die Menge der Einheitsvektoren.
- ☐ Die Menge aller Vektoren, die an genau zwei Stellen eine Eins und sonst Nullen haben.
- ☐ Die Menge der Vektoren, die an zwei aufeinander folgenden Stellen eine Eins und sonst Nullen haben – zusammen mit dem Vektor, der an der ersten und letzten Stelle eine Eins und sonst Nullen hat.
- ☐ Die Menge der Vektoren, die an genau $n-1$ Stellen eine Eins und an der restlichen Stelle eine Null haben.

**3. Sei $B$ eine Basis des Vektorraums $K[x]$ aller Polynome über dem Körper $K$. Welche der folgenden Aussagen sind richtig?**

- ☐ $B$ enthält Polynome beliebig großen Grades.
- ☐ $B$ enthält ein konstantes Polynom.
- ☐ $B$ enthält das Nullpolynom.
- ☐ Zu jedem Grad gibt es ein Polynom in $B$.
- ☐ Es gibt ein Polynom in $B$ mit Absolutglied $\neq 0$.

# 9.5 Linear abhängig

- Linear abhängig heißt, dass nicht alle Vektoren notwendig sind.
  Diese Formulierung schreit geradezu nach Präzisierung.

- Linear abhängig heißt, dass man auf einen Vektor verzichten kann.
  Das ist etwas besser. Allerdings wird noch nicht erklärt, in welcher Hinsicht man auf einen Vektor verzichten kann.

- Eine Menge M ist linear abhängig, wenn das Erzeugnis aller Vektoren von M gleich ist dem Erzeugnis aller Vektoren außer einem.
  Wir nähern uns der Sprache, die in der Mathematik üblich ist.

- Eine Menge M ist linear abhängig, wenn das Erzeugnis von M auch gleich dem Erzeugnis von M ohne einen Vektor v ist.
  Ein Vektor, der nicht benötigt wird, wird benannt.

- Eine Menge M ist linear abhängig, wenn es einen Vektor v in M gibt, so dass das Erzeugnis von M auch gleich dem Erzeugnis von M ohne v ist.
  Jetzt wird zum ersten Mal deutlich, dass es auf die Existenz eines Vektors v ankommt, und dass man die Eigenschaft nicht für alle Vektoren aus M fordern muss.

- Eine Menge M ist linear abhängig, wenn es einen Vektor v in M gibt, so dass <M> = <M\{v}> ist.
  Die gleiche Aussage ein bisschen präziser und klarer.

- Eine Menge M ist linear abhängig, wenn es einen Vektor v in M gibt, so dass v in <M\{v}> liegt.
  Eine mathematische Umformulierung: Da v in <M> liegt, folgt aus <M> = <M\{v}>, dass v auch in <M\{v}> liegt.

- Eine Menge M ist linear abhängig, wenn es einen Vektor v in M gibt, so dass v eine Linearkombination der übrigen Vektoren aus M ist.
  Wenn v in <M\{v}> liegt, dann ist v eine Linearkombination der Vektoren aus M\{v}.

- Eine Menge $M = \{v_1, v_2, \ldots v_m\}$ ist linear abhängig, wenn es einen Vektor v in M gibt (zum Beispiel $v = v_m$), so dass das $v_m = k_1v_1 + k_2v_2 + \ldots + k_{m-1}v_{m-1}$ ist.
  Durch Umnummerieren kann man immer erreichen, dass $v = v_m$ ist..

- Eine Menge $M = \{v_1, v_2, \ldots v_m\}$ ist linear abhängig, wenn es einen Vektor v in M gibt (zum Beispiel $v = v_m$), so dass $k_1v_1 + k_2v_2 + \ldots + k_{m-1}v_{m-1} - v_m = o$ ist.
  Umgestellt.

- Eine Menge $M = \{v_1, v_2, \ldots v_m\}$ ist linear abhängig, wenn es $k_1, k_2, \ldots, k_m \in K$ gibt, die nicht alle gleich Null sind, so dass $k_1v_1 + k_2v_2 + \ldots + k_{m-1}v_{m-1} + k_mv_m = o$ ist.
  Das ist jetzt die richtige und übliche Definition. Diese funktioniert übrigens auch im Fall $m = 1$.

## Aufgaben, Tests, Herausforderungen

1. **Überlegen Sie: Zwei Vektoren sind genau dann linear abhängig, wenn der eine ein skalares Vielfaches des anderen ist.**

2. **Überlegen Sie: Eine Menge von Vektoren ist genau dann linear unabhängig, wenn sie nicht linear abhängig ist.**

3 **Sind die Vektoren $v = (a, a+1)$ und $w = (a, 2a)$ des $\mathbf{R}^2$ für alle $a \in \mathbf{R}$ linear unabhängig?**

4. **Für welche $a \in \mathbf{R}$ sind die Vektoren $v = (a, a+1)$ und $w = (a, a^2)$ des $\mathbf{R}^2$ linear abhängig?**

5. **Zeigen Sie: Eine Menge $M$ aus mindestens zwei Vektoren ist genau dann linear abhängig, wenn es einen Vektor $v \in M$ gibt, so dass $v$ im Erzeugnis von $M \setminus \{v\}$ liegt.**

# 9.6 Unterraum

- **Ein Unterraum ist selbst ein Vektorraum.**
  Bei dieser Formulierung ist – unter anderem – nicht klar, ob sie eine Definition oder eine Aussage sein will.
- **Ein Unterraum eines Vektorraums $V$ ist bezüglich der Operationen von $V$ ebenfalls ein Vektorraum.**
  Das trifft schon ziemlich gut den Kern.
- **Eine Teilmenge $U$ eines Vektorraums $V$ ist ein Unterraum, falls $U$ bezüglich der Addition und der skalaren Multiplikation in $V$ auch ein Vektorraum ist.**
  Das kann man als Definition akzeptieren.
- **Eine Teilmenge $U$ eines Vektorraums $V$ ist ein Unterraum von $V$, falls $U$ zusammen mit der Einschränkung der auf $V$ definierten Addition und der skalaren Multiplikation ein Vektorraum ist.**
  Klar: eine Operation von $V$ kann formal keine Operation auf einer echten Teilmenge $U$ sein, sondern man muss korrekterweise von der Einschränkung dieser Operation auf $U$ sprechen.

## Aufgaben, Tests, Herausforderungen

**1. Sei $V = \mathbf{R}^3$. Welche der folgenden Mengen U sind Unterräume von V?**

- [ ] $U = \{(x, y, 0) \mid x, y \in \mathbf{R}\}$
- [ ] $U = \{(x, y) \mid x, y \in \mathbf{R}\}$
- [ ] $U = \{(x+y, x-y, x+y+z) \mid x, y, z \in \mathbf{R}\}$
- [ ] $U = \{(0, 0, 0)\}$
- [ ] $U = \{(1, 1, 1)\}$

**2. Sei R[x] der Vektorraum aller Polynome mit reellen Koeffizienten. Sind die folgenden Teilmengen Unterräume von R[x] ?**

- [ ] Die Menge der Polynome vom Grad $< 10$.
- [ ] Die Menge der Polynome vom Grad $> 10$.
- [ ] Die Menge der Polynome mit Absolutglied gleich Null.
- [ ] Die Menge der Polynome mit Absolutglied ungleich Null.
- [ ] Die Menge der Polynome „ohne x“, d.h. bei denen der Koeffizient bei x gleich Null ist.

**3. Zeigen Sie das *Unterraumkriterium*: Eine Teilmenge U eines Vektorraums V ist genau dann ein Unterraum, wenn die folgenden Bedingungen erfüllt sind:**

- $U \neq \varnothing$,
- für je zwei Vektoren $u, u' \in U$ gilt $u + u' \in U$ (Abgeschlossenheit bezüglich der Addition),
- für jeden Vektor $u \in U$ und jedes $k \in K$ gilt $k \cdot u \in U$ (Abgeschlossenheit bezüglich der skalaren Multiplikation).

# 9.7 Nebenklasse

- Eine Nebenklasse ist ein Vektor plus Unterraum.
  Diese Formulierung sagt einem nur etwas, wenn man bereits weiß, was eine Nebenklasse ist.
- Eine Nebenklasse erhält man, indem man zu einem Vektor einen Unterraum addiert.
  Das ist etwas präziser, allerdings ist nicht klar, was es bedeutet „einen Unterraum addieren".
- Eine Nebenklasse erhält man, indem man zu einem festen Vektor alle Vektoren eines Unterraums addiert.
  Diese Formulierung gibt – in Worten – die Definition schon sehr genau wieder.
- Eine Nebenklasse ist die Menge aller Vektoren $v+u$, wobei $v$ fest ist und $u$ alle Elemente eines Unterraums $U$ durchläuft. Man bezeichnet diese Nebenklasse mit $v+U$.
  Daran ist nichts auszusetzen.
- Eine Nebenklasse ist die Menge $v+U$ aller Vektoren $v+u$ mit $u \in U$, wobei $U$ ein Unterraum und $v$ ein Vektor aus $V$ ist.
  Korrekt.
- Sei $v$ ein Vektor und $U$ ein Unterraum eines Vektorraums $V$. Dann definiert man $v+U := \{v+u \mid u \in U\}$, und nennt dies eine Nebenklasse (bezüglich des Unterraums $U$) mit Repräsentant $v \in V$.
  So kann man die Definition einer Nebenklasse in Lehrbüchern finden.

## Aufgaben, Tests, Herausforderungen

1. **Zeigen Sie, dass die folgenden Mengen N Nebenklassen im $\mathbf{R}^3$ sind. Identifizieren Sie den zugehörigen Unterraum und geben Sie einen Repräsentanten an.**

   N= {(2x, 4x+2, 5x–7 | x ∈ **R**}

   N = {(x+y+1, x+2, y – 3x | x, y ∈ **R**}

   N = {(x–y, 3x + y, x – 3y | x, y ∈ **R**}

   N = {(y + 3, 3x + y – 4, x – 3y | x, y ∈ **R**}

2. **Ist ein Unterraum U auch eine Nebenklasse?**

3. **Richtig oder falsch? Eine Nebenklasse**

   ☐ ist ein Unterraum.

   ☐ hat immer einen Repräsentanten.

   ☐ hat einen eindeutig bestimmten Repräsentanten.

   ☐ ist durch einen Repräsentanten eindeutig bestimmt.

4. **Zeigen Sie das *Kriterium über die Gleichheit von Nebenklassen*: Sei U ein Unterraum von V. Dann gilt:**

   $$\mathbf{v + U = w + U \Leftrightarrow w - v \in U.}$$

5. **Sei U ein Unterraum des Vektorraums V. Man definiert die Relation ~ auf V durch**

   $$\mathbf{v \sim w :\Leftrightarrow w - v \in U.}$$

   **Zeigen Sie:**
   - ~ ist eine Äquivalenzrelation.
   - die Äquivalenzklassen von ~ sind genau die Nebenklassen von U.

# 9.8 Faktorraum

- **Der Faktorraum sind die Nebenklassen.**
  Abgesehen davon, dass der Satz grammatikalisch verunglückt ist (das Subjekt ist im Singular, das Verb im Plural), besteht auch inhaltlich noch erheblicher Klärungsbedarf.
- **Der Faktorraum besteht aus allen Nebenklassen bezüglich eines festen Unterraums.**
  Das ist schon erheblich besser. Insbesondere wird klar, dass genau die Nebenklassen eines festen Unterraums zum Faktorraum gehören.
- **Der Faktorraum bezüglich eines Unterraums U hat als Elemente alle Nebenklassen bezüglich U.**
  Hier wird der Unterraum U betont. Außerdem deutet die Formulierung „hat als Elemente" an, dass zum Faktorraum noch mehr als seine Elemente gehört.
- **Der Faktorraum eines Vektorraums V bezüglich eines Unterraums U ist definiert als $V/U := \{v+U \mid v \in V\}$.**
  Das ist die formalere Variante der vorherigen Formulierung. Zusätzlich wird die Bezeichnung V/U eingeführt.
- **Sei U ein Unterraum des Vektorraums V. Dann bildet die Menge $V/U := \{v+U \mid v \in V\}$ zusammen mit der repräsentantenweise definierten Addition und Skalarmultiplikation einen Vektorraum, den so genannten Faktorraum von V nach U.**
  Damit wird auch deutlich, dass der Faktorraum – wie jeder Vektorraum – nicht nur durch seine Elemente, sondern auch durch die Operationen definiert ist.

## Aufgaben, Tests, Herausforderungen

1. **Sei U = <(1, 1)> der von (1, 1) erzeugte 1-dimensionale Unterraum von $\mathbf{R}^2$. Dann ist die Summe der Nebenklassen (1,0) + U und (1,3) + U gleich**

   ☐ (2, 2) + U

   ☐ (3, 3) + U

   ☐ (3, 2) + U

   ☐ (2, 3) + U

   ☐ (3, 4) + U

   ☐ (4, 3) + U

2. **Sei U = <(1, 1)> der von (1, 1) erzeugte 1-dimensionale Unterraum von $\mathbf{R}^2$. Dann ist die Produkt der Nebenklasse (1,2) + U mit 3 gleich**

   ☐ (1, 3) + U

   ☐ (1, 4) + U

   ☐ (3, 6) + U

   ☐ (3, 4) + U

3. **Sei U ein 1-dimensionaler Unterraum des $\mathbf{R}^2$, also ein Unterraum, der von einem Vektor erzeugt wird. Machen Sie sich klar:**
   - U ist eine Gerade durch den Nullpunkt.
   - Die Nebenklassen von U sind genau die Geraden, die parallel zu U sind.

# 9.9 Lineare Abbildung

- **Eine lineare Abbildung ist ein Homomorphismus.**
  Ist richtig, sagt aber gar nichts. Denn „Homomorphismus" ist nur ein anderer Name für „lineare Abbildung".

- **Eine lineare Abbildung ist eine strukturerhaltende Abbildung eines Vektorraums in einen anderen.**
  Auch das sind nur Floskeln. Immerhin ist von Vektorräumen die Rede.

- **Eine lineare Abbildung ist eine Abbildung eines Vektorraums in einen anderen, bei der sich die Operationen der Vektoren übertragen.**
  Wenn man weiß, was es bedeutet, steckt in dieser Formulierung schon echter Inhalt.

- **Eine lineare Abbildung ist eine Abbildung, die die Addition von Vektoren und die skalare Multiplikation erhält.**
  Jetzt werden die Operationen benannt, auf die es ankommt.

- **Eine lineare Abbildung ist eine Abbildung, bei der es nicht darauf ankommt, ob man Vektoren zuerst addiert und dann die Abbildung anwendet oder ob man zuerst die Abbildung auf die Vektoren anwendet und dann die Bilder addiert (entsprechend für die skalare Multiplikation).**
  Das beschreibt verbal ziemlich genau, was eine lineare Abbildung definiert.

- **Eine lineare Abbildung ist eine Abbildung, bei der man (a) das Bild von $v+w$ auch dadurch erhalten kann, dass man die Bilder von $v$ und $w$ addiert, und (b) das Bild von $kv$ so erhalten kann, dass man $k$ mit dem Bild von $v$ multipliziert.**
  Durch die Einführung von Bezeichnungen für die Vektoren wird die Sache schon ein bisschen klarer.

- **Eine lineare Abbildung ist eine Abbildung $f$, bei der $f(v+w)$ gleich $f(v) + f(w)$ und $f(kv)$ gleich $kf(v)$ ist.**
  Dadurch, dass nun auch die Abbildung bezeichnet wird, wird die Aussage, auf die es ankommt, noch klarer.

- **Eine lineare Abbildung ist eine Abbildung $f$ eines Vektorraums $V$ in einen Vektorraum $W$, für die gilt $f(v+w) = f(v) + f(w)$ und $f(kv) = kf(v)$ für alle $v, w \in V$ und alle $k \in K$.**
  Das ist die Definition, mit der man arbeiten kann.

## Aufgaben, Tests, Herausforderungen

1. **Welche der folgenden Abbildungen f von $\mathbf{R}^2$ nach $\mathbf{R}^2$ sind lineare Abbildungen?**

- [ ] $f(x, y) = (y, x)$
- [ ] $f(x, y) = (2x+3y, x - 5y)$
- [ ] $f(x, y) = (23+3, y^2)$
- [ ] $f(x, y) = (xy, 3x+2y)$
- [ ] $f(x, y) = (3y, 0)$
- [ ] $f(x, y) = (5x, 1)$

2. **Welche der folgenden Abbildungen f des Vektorraums $\mathbf{R}[x]$ der Polynome mit reellen Koeffizienten in sich sind lineare Abbildungen?**

- [ ] Multiplikation mit $x$
- [ ] Multiplikation mit $x^2 + 1$
- [ ] Addition von $x$
- [ ] Vertauschung des Absolutglieds mit dem Koeffizienten von $x$
- [ ] Umkehrung der Reihenfolge aller Koeffizienten
$a_nx^n + a_{n-1}x^{n-1} + \ldots + a_1x + a_0 \longmapsto a_0x^n + a_1x^{n-1} + \ldots + a_{n-1}x + a_n$

*Übrigens*: „Homophormismus" ist nur ein anderes Wort für „lineare Abbildung".

# 9.10 Auto Endo Homo Iso

| | $V \longrightarrow W$ | $V \longrightarrow V$ |
|---|---|---|
| nicht notwendigerweise bijektiv | Homomorphismus | Endomorphismus |
| bijektiv | Isomorphismus | Automorphismus |

**All dies sind Namen für spezielle Sorten linearer Abbildungen. Die Wörter leiten sich alle aus dem Griechischen her, wobei die zweite Worthälfte „,morphismus“ jeweils darauf verweist, dass es um die Struktur geht (morphe = Gestalt).**

**„Homomorphismus“ ist das allgemeinste. Das ist nur ein anderer Ausdruck für „lineare Abbildung“. Das heißt: Ein *Homomorphismus* ist eine lineare Abbildung eines Vektorraums $V$ in einen Vektorraum $W$. Dabei können $V$ und $W$ verschieden sein, sie dürfen aber auch gleich sein.**

**Dem zur Seite steht der *Endomorphismus* (endo = innen), der einfach ein Homomorphismus eines Vektorraums in sich selbst ist.**

**Die beiden anderen Begriffe bezeichnen einen bijektiven, also umkehrbaren Homomorphismus beziehungsweise Endomorphismus. Ein *Isomorphismus* (iso = gleich) ist ein bijektiver Homomorphismus, also eine bijektive lineare Abbildung. Ein *Automorphismus* (auto = selbst) ist ein bijektiver Endomorphismus, also eine bijektive lineare Abbildung eines Vektorraums in sich selbst.**

**Man nennt zwei Vektorräume $V$ und $W$, zwischen denen es einen Isomorphismus gibt, *isomorph* und schreibt dafür $V \cong W$.**

***Bemerkung:* Sie müssen diese Wörter nicht verwenden – Sie können immer Formulierungen benutzen wie „eine bijektive lineare Abbildung eines Vektorraums in sich selbst“ (statt „Automorphismus“) – aber Sie müssen verstehen, was gemeint ist, wenn Sie diese Wörter lesen.**

***Übrigens:* Die Pluralformen dieser Wörter lauten: Automorphismen, Endomorphismen, Homomorphismen, Isomorphismen.**

## Aufgaben, Tests, Herausforderungen

1. **Ergänzen Sie:**

   Ein ________________ kann ein Automorphismus sein, muss aber nicht.

   Ein ________________ kann ein Isomorphismus sein, muss aber nicht.

   Jeder __________ ist ein Endomorphismus, aber nicht jeder Endomorphismus ist ein ________.

   Jeder Isomorphismus ist ein ______________ , aber nicht jeder ____________ ist ein Isomorphismus.

2. **Kann man zwei Homomorphismen von $V$ nach $W$ $(V \neq W)$ hintereinander ausführen? Kann man zwei Endomorphismen hintereinander ausführen?**

3. **Richtig oder falsch?**

   ☐ Ein Automorphismus ist ein bijektiver Endomorphismus.

   ☐ Ein Isomorphismus ist ein Automorphismus eines Vektorraums in sich.

   ☐ Ein Endomorphismus ist ein Homomorphismus eines Vektorraums in sich selbst.

4. **Zeigen Sie, dass die folgenden Vektorräume jeweils isomorph sind. Geben Sie dazu einen Isomorphismus an:**

   - $V = \mathbf{R}^4$, $W = \mathbf{R}^{2\times 2}$ (Vektorraum der reellen 2×2-Matrizen)
   - $V = \mathbf{R}^4$, $W$ = Vektorraum aller reellen Polynome vom Grad $\leq 3$
   - $V = \mathbf{R}[x]$ (Vektorraum alle reellen Polynome), $W$ = Menge alle reellen Folgen, die nur an endlich vielen Stellen einen Eintrag $\neq 0$ haben

# 9.11 Die Darstellungsmatrix

In der j-ten Spalte stehen die Koeffizienten des Bildes des j-ten Basisvektors $v_j$ von $V$. Konkret geht man so vor: Man bildet den Vektor $v_j$ unter der linearen Abbildung $f$ ab und erhält $f(v_j)$. Dies ist ein Vektor aus $W$, den man also als Linearkombination der Basis $\{w_1, w_2, \dots, w_m\}$ darstellen kann. Das Element $a_{1j}$ ist der Koeffizient von $w_1$, das Element $a_{2j}$ ist der Koeffizient von $w_2$, und so weiter. Kurz: $f(v_j) = a_{1j}w_1 + a_{2j}w_2 + \dots + a_{mj}w_m$.

$$\begin{pmatrix} a_{11} & a_{12} & \cdots & a_{1j} & \cdots & a_{1n} \\ a_{21} & a_{22} & & & & \\ \vdots & & & \vdots & & \\ a_{i1} & a_{i2} & \cdots & a_{ij} & \cdots & a_{in} \\ \vdots & & & \vdots & & \vdots \\ a_{m1} & a_{m2} & \cdots & a_{mj} & \cdots & a_{mn} \end{pmatrix}$$

Die Darstellungsmatrix beschreibt eine lineare Abbildung, die in einen m-dimensionalen Vektorraum $W$ geht. Um eine Darstellungsmatrix aufstellen zu können, muss man eine Basis $\{w_1, w_2, \dots, w_m\}$ von $W$ wählen.

Die Darstellungsmatrix beschreibt eine lineare Abbildung, die von einem n-dimensionalen Vektorraum $V$ ausgeht. Um eine Darstellungsmatrix aufstellen zu können, muss man eine Basis $\{v_1, v_2, \dots, v_n\}$ von $V$ wählen.

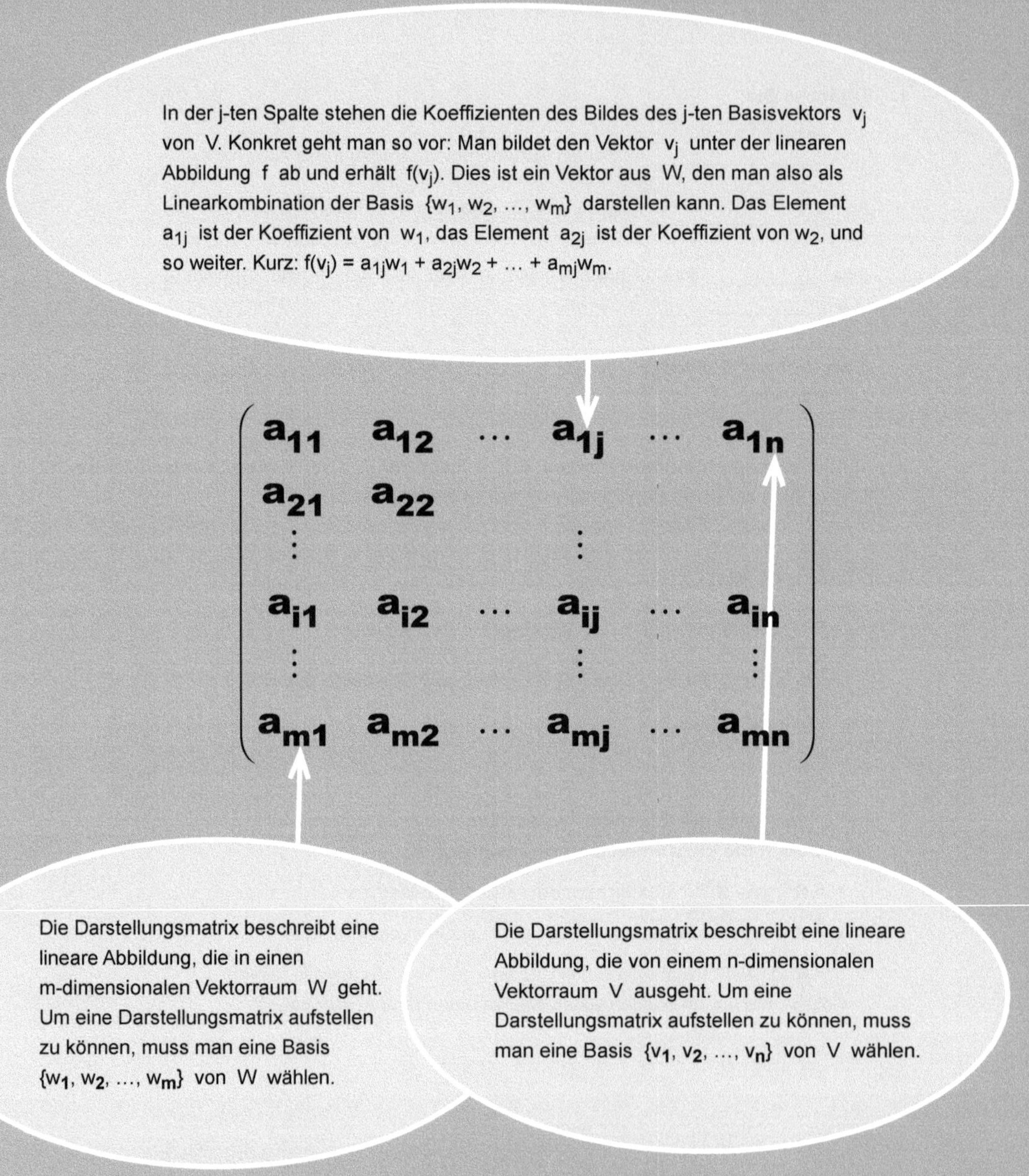

# Aufgaben, Tests, Herausforderungen

**1. Richtig oder falsch?**

☐ Die Nullabbildung hat als Darstellungsmatrix stets die Nullmatrix.

☐ Die identische Abbildung hat als Darstellungsmatrix stets die Einheitsmatrix.

☐ Jede Darstellungsmatrix der identischen Abbildung besteht nur aus Nullen und Einsen.

☐ Jede Matrix kann Darstellungsmatrix der identischen Abbildung sein.

**2. Sei $f$ eine lineare Abbildung von $V$ nach $W$. Richtig oder falsch?**

☐ $f$ hat nur eine einzige Darstellungsmatrix.

☐ Wenn man die Basen in $V$ und $W$ festlegt, ist die Darstellungsmatrix von $f$ eindeutig bestimmt.

☐ Zwei verschiedene Darstellungsmatrizen von $f$ unterscheiden sich nur in der Anordnung ihrer Elemente.

☐ Je zwei Darstellungsmatrizen von $f$ haben den gleichen Rang.

**3. Sei die Matrix $A = \begin{pmatrix} 1 & 2 \\ 3 & -1 \end{pmatrix}$ gegeben.**

**Finden Sie Basen $\{v_1, v_2\}$ und $\{w_1, w_2\}$ von $\mathbf{R}^2$, so dass $A$ bezüglich dieser Basen die Darstellungsmatrix**

- der Identität,
- der Abbildung $f(x, y) = (y, x)$,
- der Abbildung $f(x, y) = (x+y, x-y)$,

**ist.**

*Übrigens*: Bezeichnungen der Darstellungsmatrix sind in der Literatur sehr uneinheitlich.

# 10 Polynome

Polynom

Grad eines Polynoms

Addition von Polynomen

Multiplikation von Polynomen

Polynomdivision

Nullstellen

# 10.1 Polynom

- **Ein Polynom ist ein Ausdruck mit $x$.**
  Diese Aussage ist sehr vage und kaum brauchbar.

- **Ein Polynom besteht aus einzelnen Summanden, die aus einem Koeffizienten und einer Potenz von $x$ bestehen.**
  Hier wird die Sache klarer, insbesondere durch die Verwendung der Ausdrücke „Summand", „Koeffizient" und „Potenz".

- **Ein Polynom ist ein Ausdruck der Form $a_nx^n + a_{n-1}x^{n-1} + a_{n-2}x^{n-2} + \ldots + a_2x^2 + a_1x + a_0$. Die $a_i$ heißen Koeffizienten des Polynoms.**
  Das ist ziemlich gut formuliert. Insbesondere wird explizit gesagt, dass man keine negativen Potenzen von $x$ betrachtet.

- **Da das $n$ beliebig groß werden kann, ist es manchmal auch sinnvoll, das Polynom in umgekehrter Reihenfolge zu schreiben: $a_0 + a_1x + a_2x^2 + \ldots + a_{n-1}x^{n-1} + a_nx^n$. Dann könnte man das Polynom auch einfach durch die Folge $(a_0, a_1, a_2, \ldots., a_{n-1}, a_n)$ abkürzen.**
  Diese Formulierung zeigt uns den Weg zu einer sauberen „algebraischen" Definition.

- **Ein Polynom ist ein (n+1)-Tupel $(a_0, a_1, a_2, \ldots, a_{n-1}, a_n)$, wobei $n$ eine beliebige natürliche Zahl ist.**
  Jetzt haben wir den Sprung geschafft. Wir sagen nicht mehr „ein Polynom kann als (n+1)-Tupel geschrieben werden", sondern „ein Polynom *ist* ein (n+1)-Tupel". Man schreibt dafür dann $a_0 + a_1x + a_2x^2 + \ldots + a_{n-1}x^{n-1} + a_nx^n$.

- **Ein Polynom ist eine unendliche Folge $(a_0, a_1, a_2, \ldots, a_{n-1}, a_n, \ldots)$, die nur an endlich vielen Stellen ein von Null verschiedenes Element hat. Dann entspricht das „Polynom x" der Folge (0, 1, 0, 0, 0, … ).**
  Mit dieser Formulierung hat man sich von der expliziten Angabe des „n" frei gemacht. Der Hauptvorteil dieser und der vorigen Formulierung besteht aber darin, dass „x" jetzt nichts Geheimnisvolles mehr ist, an dessen Existenz man glauben muss, sondern einfach eine harmlose Folge.

## Aufgaben, Tests, Herausforderungen

**1. Welche der folgenden Ausdrücke sind Polynome?**

☐ $x^2 + 3x + 7$

☐ $12 + 3x^2 + 7x^5 - 3x^5 + x - 1$

☐ $x^{1000}$

☐ $x^{0,0001}$

☐ $\sqrt{x}$

**2. Stellen Sie die folgenden Polynome als unendliche Folgen dar:**

$x^2 + 3x + 7$

$12 + 3x^2 + 7x^5 - 3x^5 + x - 1$

$3x^5 - 73x^7$

$1 + x + x^2 + x^4 + x^8$

**3. Stellen Sie die folgenden Folgen als Ausdrücke in $x$ dar:**

$(1, 0, 0, 0, \ldots)$

$(0, 0, 0, 1, 0, 0, 0, \ldots)$

$(0, 1, 0, 1, 0, 1, 0, 0, 0, \ldots)$

$(1, 0, -1, 0, 1, 0, -1, 0, 0, 0, \ldots)$

*Bezeichnung*: Die Menge aller Polynome, deren Koeffizienten aus einer Menge $K$ stammen, bezeichnet man mit $K[x]$. Insbesondere sind $\mathbf{Z}[x]$ beziehungsweise $\mathbf{R}[x]$ die Menge aller Polynome mit ganzzahligen beziehungsweise reellen Koeffizienten.

*Bemerkung*: Natürlich kann man statt $x$ die Variable auch durch andere Buchstaben bezeichnen; gebräuchlich sind zum Beispiel $y$, $z$ und $t$.

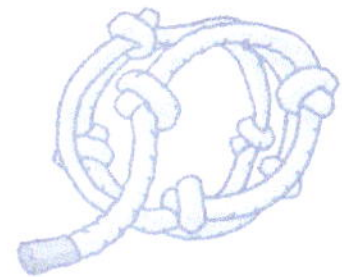

# 10.2 Grad eines Polynoms

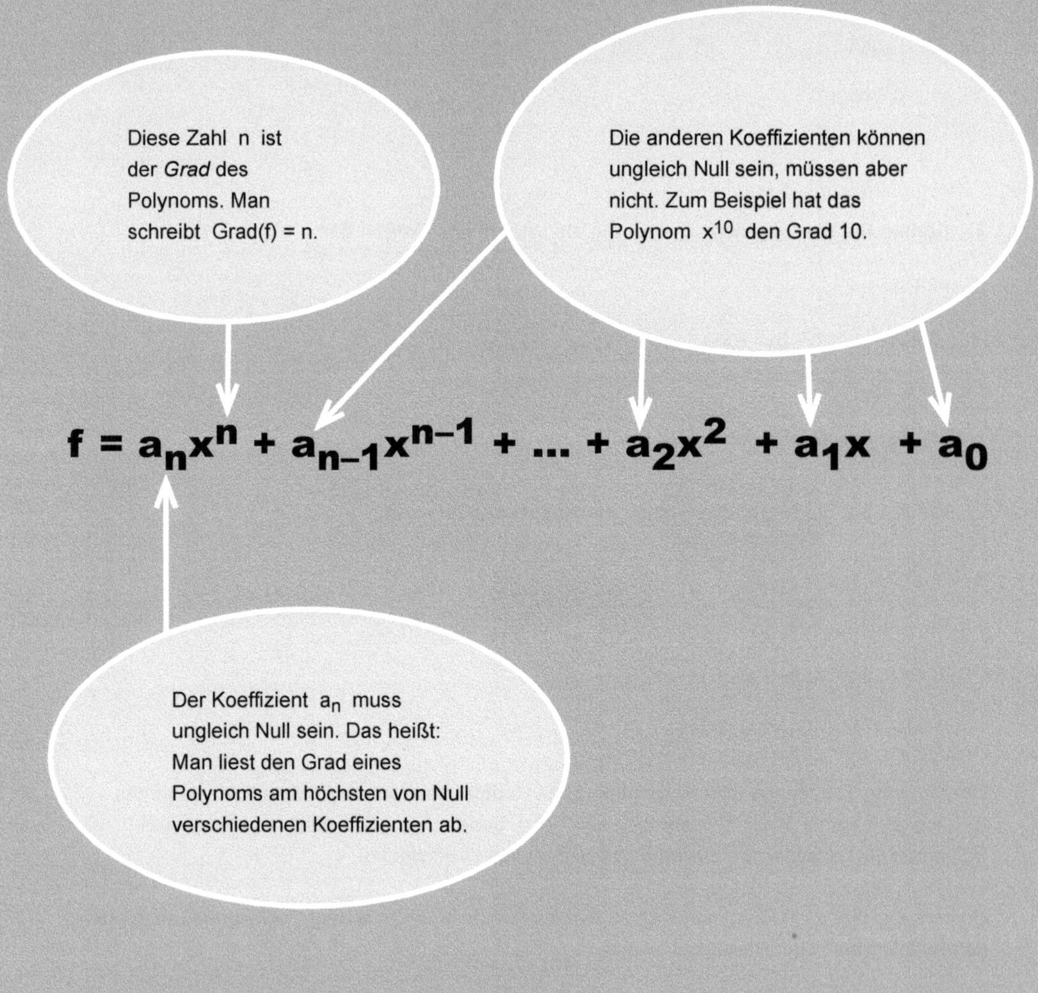

Diese Zahl $n$ ist der *Grad* des Polynoms. Man schreibt $\mathrm{Grad}(f) = n$.

Die anderen Koeffizienten können ungleich Null sein, müssen aber nicht. Zum Beispiel hat das Polynom $x^{10}$ den Grad 10.

$$f = a_n x^n + a_{n-1} x^{n-1} + \ldots + a_2 x^2 + a_1 x + a_0$$

Der Koeffizient $a_n$ muss ungleich Null sein. Das heißt: Man liest den Grad eines Polynoms am höchsten von Null verschiedenen Koeffizienten ab.

## Aufgaben, Tests, Herausforderungen

**1. Welchen Grad haben folgende Polynome?**

$x^2 - x - 1$

$1 + 2x + 3x^2$

$5x - x^3 + 2x^2 - 7$

$2x + (3x - 8)^2$

$4x^2 - (2x + 5)^2$

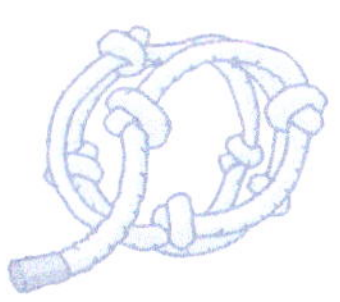

# 10.3 Addition von Polynomen

Man kann je zwei Polynome addieren, also auch Polynome unterschiedlichen Grades.

$$(a_n x^n + a_{n-1}x^{n-1} + \ldots + a_i x^i + \ldots + a_1 x + a_0)$$
$$+ (b_m x^m + b_{m-1}x^{m-1} + \ldots + b_i x^i + \ldots + b_1 x + b_0)$$
$$= \ldots + (a_i + b_i)x^i + \ldots + (a_1 + b_1)x + (a_0 + b_0)$$

Die Addition erfolgt komponentenweise. Das heißt: Man erhält den Koeffizienten von $x^i$ der Summe der Polynome, indem man die Koeffizienten von $x^i$ der einzelnen Summanden addiert.

Wenn $m = n$ ist, kann man auch den ersten Summanden einfach hinschreiben: Er ist $(a_n + b_n)x^n$. Wenn $m \neq n$ ist, ist es etwas schwieriger. Man kann auf zwei Weisen vorgehen. (a) Man sagt: Wenn $n > m$ ist, dann ist der erste Summand gleich $a_n x^n$, wenn $m > n$ ist, dann ist der höchste Summand gleich $b_m x^m$. (b) Man kann das Polynom kleineren Grades durch Nullen auffüllen. Das heißt: Wenn $n > m$ ist, setzt man $b_{m+1} = 0, \ldots, b_n = 0$, und kann dann das zweite Polynom auch schreiben als $b_n x^n + \ldots + b_m x^m + \ldots + b_1 x + b_0$. Dann kann man die Summe bequem so definieren wie bei Polynomen gleichen Grades: Der Koeffizient von $x^i$ für *jeden* Index $i$ ist gleich $a_i + b_i$.

## Aufgaben, Tests, Herausforderungen

1. **Welches Polynom muss man zu $f = x^2 - x + 1$ addieren, um die folgenden Polynome zu erhalten?**

   $x^3 + 2x^2 + 7x - 10$

   $x^7 - 1$

   $x^2 + 2x^2 + 3$

   $x - 5$

   $5$

2. **Richtig oder falsch? Für den Grad der Summe zweier reeller Polynome f und g gilt:**

   - ☐ Grad(f+g) ≤ Grad(f) und Grad(f+g) ≤ Grad(g)
   - ☐ Grad(f+g) ≤ Grad(f) oder Grad(f+g) ≤ Grad(g)
   - ☐ Grad(f+g) > Grad(f) und Grad(f+g) > Grad(g)
   - ☐ Grad(f+g) > Grad(f) oder Grad(f+g) > Grad(g)
   - ☐ Grad(f+g) = Grad(f) oder Grad(f+g) = Grad(g)
   - ☐ Grad(f+g) = Grad(f) + Grad(g)
   - ☐ Grad(f+g) = max{Grad(f), Grad(g)}

3. **Zeigen Sie folgende Eigenschaften der Addition von Polynomen aus R[x]:**

   - Kommutativität
   - Existenz eines neutralen Elements
   - Existenz der inversen Polynome bezüglich der Addition zu jedem Polynom

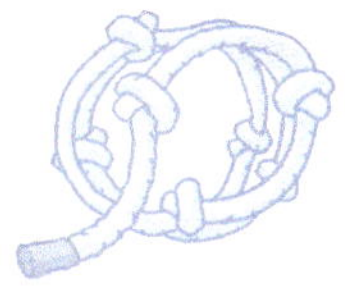

# 10.4 Multiplikation von Polynomen

Man kann je zwei Polynome miteinander multiplizieren. Das Ergebnis ist wieder ein Polynom.

Dieses Polynom hat den Grad n, das bedeutet, dass $a_n \neq 0$ ist.

Dieses Polynom hat den Grad m $(b_m \neq 0)$.

$$(a_0 + a_1x + a_2x^2 + \ldots + a_nx^n)\cdot(b_0 + b_1x + b_2x^2 + \ldots + b_mx^m)$$
$$= a_0b_0 + (a_0b_1 + a_1b_0)x + (a_0b_2 + a_1b_1 + a_2b_0)x^2 + \ldots +$$
$$(a_0b_k + a_1b_{k-1} + \ldots + a_{k-1}b_1 + a_kb_0)x^k + \ldots + a_nb_mx^{n+m}$$

Der Koeffizient von $x^k$ ist die Summe aller Produkte $a_ib_j$ mit $i+j = k$ (das heißt $j = k-i$). Man kann sich das auch so vorstellen, dass man das Produkt der beiden Polynome einfach mit Hilfe des Distributivgesetzes ausrechnet.

Das Produkt eines Polynoms vom Grad n und eines vom Grad m ist ein Polynom vom Grad n+m.

## Aufgaben, Tests, Herausforderungen

**1. Berechnen Sie**

$(ax^2 + bx + c)\cdot(x^2 - x + 1)$,

$(ax^2 - bx + c)\cdot(x^2 + 3x - 1)$,

$(ax^3 + bx^2 + cx + d)\cdot(x^3 - x + 1)$.

**2. Zeigen Sie mit Hilfe der Definition der Multiplikation von Polynomen:**

a) $x^2 = x\cdot x = (0, 0, 1, 0, 0, 0, \ldots)$, $x^3 = x^2\cdot x = (0, 0, 0, 1, 0, 0, 0, \ldots)$.
(Sie erinnern sich, dass wir $x$ mit der Folge $(0, 1, 0, 0, 0, \ldots)$ identifiziert haben.)

b) Verallgemeinern Sie diese Regel.

c) Wir identifizieren die reelle Zahl $r$ mit der Folge $(r, 0, 0, 0, \ldots)$. Dann gilt $1\cdot f = f$ für alle Polynome $f$.

**3. Seien $f, g \in \mathbf{R}[x]$. Zeigen Sie:**

- Wenn Grad $(f\cdot g) = 0$ ist, dann muss Grad$(f) = 0$ oder Grad$(g) = 0$ gelten.
- Die einzigen Polynome $f$, die ein multiplikativ inverses Polynom haben (also ein Polynom $f'$ mit $f\cdot f' = 1$), sind die konstanten Polynome $\neq 0$.

**4. Zeigen Sie: Beim Multiplizieren von Polynomen aus $\mathbf{R}[x]$ addieren sich die Grade. In einer Formel: Grad(fg) = Grad(f) + Grad(g).**

a) Zeigen Sie zunächst
$(a_2x^2 + a_1x + a_0)\cdot(b_3x^3 + b_2x^2 + b_1x + b_0)$ ist ein Polynom vom Grad 5.

b) $(a_nx^n + \ldots)\cdot(b_mx^m + \ldots)$ ist ein Polynom vom Grad $n+m$, falls $a_n, b_m \neq 0$ ist. (Sie müssen dazu einerseits zeigen, dass im Produkt das „Monom“ $x^{m+n}$ einen von Null verschiedenen Koeffizienten hat, und dass alle höheren Potenzen von $x$ den Koeffizienten Null haben.)

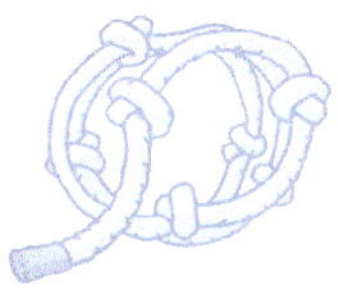

# 10.5 Polynomdivision

Es geht darum, ein Polynom $f$ durch ein Polynom $g$ zu teilen. Das ist ganz entsprechend der Situation in den ganzen Zahlen: Im Idealfall „geht die Division auf", das bedeutet, es gibt ein Polynom $q$, so dass $f = q \cdot g$ ist. In der Regel wird die Division aber nicht aufgehen, dann bleibt ein Rest. Wir erhalten im Allgemeinen eine Gleichung der Form $f = q \cdot g + r$ mit Polynomen $q$ und $r$.

Das ist das Polynom $f$, von dem man wissen möchte, welchen Rest es bei Division durch $g$ ergibt.

Das ist das Polynom $g$, durch das geteilt wird.

Man multipliziert $g$ so (in diesem Fall mit $x^2$), dass bei der Subtraktion der Summand mit der höchsten Potenz (in diesem Fall $x^4$) wegfällt.

$$
\begin{array}{l}
(\mathbf{x^4 - 2x^3 - 3x^2 + 4x + 7) : (x^2 + 2) = x^2 - 2x - 5} \\
\mathbf{-(x^4 \qquad\qquad + 2x^2)} \\
\hline
\mathbf{\quad - 2x^3 - 5x^2 + 4x + 7} \\
\mathbf{\quad -(-2x^3 \qquad\quad - 4x)} \\
\hline
\mathbf{\qquad\qquad - 5x^2 + 8x + 7} \\
\mathbf{\qquad\qquad -(-5x^2 \qquad - 10)} \\
\hline
\mathbf{\qquad\qquad\qquad\quad 8x + 17}
\end{array}
$$

Das ist der „Quotient" $q$.

Das ist der „Rest" $r$. Der Rest ist stets ein Polynom, dessen Grad kleiner als der Grad von $g$ ist.

Im Allgemeinen gilt folgender Satz: Seien $f$ und $g$ Polynome, wobei $g$ nicht das Nullpolynom ist. Dann gibt es eindeutig bestimmte Polynome $q$ und $r$ mit $f = q \cdot g + r$ und $\text{Grad}(r) < \text{Grad}(g)$. (Die Existenz dieser Polynome kann man mit Induktion nach dem Grad von $f$ *beweisen*. Die Induktionsbasis ist der Fall $\text{Grad}(f) < \text{Grad}(g)$. Beim Induktionsschritt zieht man von $f$ das Polynom $a \cdot x^k \cdot g$ ab, wobei $a$ und $k$ so gewählt sind, dass der Summand von $f$ mit dem höchsten Grad wegfällt.)

## Aufgaben, Tests, Herausforderungen

1. **Bestimmen Sie Polynome $q, r \in \mathbf{R}[x]$ mit**

   $$x^7+x^5+x^3+1 = (x^3+x+1)\cdot q + r \text{ mit } \mathrm{Grad}(r) < 3.$$

2. **Bestimmen Sie Polynome $q, r \in \mathbf{R}[x]$ mit**

   $$x^5 + 2x^4 - 6x^3 + x^2 + 3x - 7 = (x^2 - 2)\cdot q + r \text{ mit } \mathrm{Grad}(r) < 2.$$

3. **Angenommen, ein Polynom $f$ hat bei Division durch $g$ den Rest $r$, ein anderes Polynom $f'$ hat bei Division durch $g$ den Rest $r'$. Was kann man dann über den Rest von $f+f'$ bei Division durch $g$ sagen?**

4. **Führen Sie den Beweis des Satzes über Polynomdivision aus.**

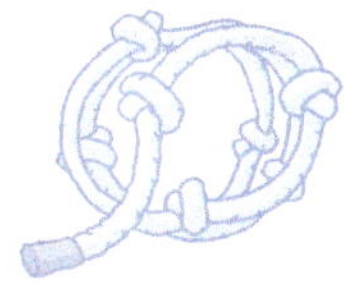

# 10.6 Nullstellen

Polynom. In diesem Satz untersucht man, welche Schlüsse man daraus ziehen kann, wenn man weiß, dass $f$ eine Nullstelle hat.

Unter der Voraussetzung, dass $a$ eine Nullstelle ist, kann man den Faktor $x - a$ „abspalten". Mit anderen Worten: Das Polynom $x - a$ ist ein Teiler des Polynoms $f$. Anders ausgedrückt: $f$ ist ein Vielfaches von $x - a$.

$$\mathbf{f = (x - a) \cdot g}$$

*Beweis*. Wir wenden die Polynomdivision mit $g = x - a$ an und erhalten $f = (x-a)g + r$, wobei $r$ ein Polynom ist, dessen Grad kleiner als der von $x - a$ ist; das heißt, $r$ muss ein konstantes Polynom sein. Wenn wir in diese Gleichung die Nullstelle $a$ einsetzen, erhalten wir links $f(a)$, also Null. Der erste Summand auf der rechten Seite ergibt auch Null, denn wenn man $a$ in das Polynom $x - a$ einsetzt, ergibt sich Null. Daraus folgt, dass die Konstante $r$ auch Null sein muss. Das bedeutet dann $f = (x - a) \cdot g$.

Die Voraussetzung dieses Satzes ist, dass $a$ eine Nullstelle des Polynoms $f$ ist, dass also $f(a) = 0$ gilt.

## Aufgaben, Tests, Herausforderungen

1. **Welche reellen Nullstellen haben die folgenden Polynome? Schreiben Sie diese Polynome als Produkt mit dem entsprechenden Linearfaktor.**

   $x^{1000} - 1$

   $x^3 + 1$, $x^5 + 1$, $x^7 + 1$.

   $x^2 - 4$, $x^4 - 16$, $x^8 - 256$.

   **Ein Polynom f mit reellen Koeffizienten wird *reduzibel* („zerlegbar") genannt, wenn es reelle Polynome g und h gibt, die beide mindestens den Grad 1 haben, so dass f = gh gilt. Zum Beispiel ist das Polynom $x^2 - 1$ reduzibel, weil bekanntlich $x^2 - 1 = (x - 1)(x + 1)$ gilt. Ein Polynom heißt *irreduzibel* („unzerlegbar"), wenn es nicht reduzibel ist. Das heißt: f ist irreduzibel, wenn bei jeder Zerlegung f = gh mindestens eines der Polynome g, h den Grad 0 hat, also ein konstantes Polynom ist. Zum Beispiel ist das reelle Polynom $x^2 + 1$ irreduzibel.**

2. **Richtig oder falsch? Sei f ein Polynom mit reellen Koeffizienten.**

   ☐ f hat eine Nullstelle $\Rightarrow$ f ist reduzibel

   ☐ f hat keine Nullstelle $\Rightarrow$ f ist irreduzibel

   ☐ f hat keine Nullstelle und Grad(f) = 3 $\Rightarrow$ f ist irreduzibel

   ☐ f hat keine Nullstelle und Grad(f) = 4 $\Rightarrow$ f ist irreduzibel

*Bemerkung*: Die Aussage auf der vorigen Seite wird oft auch der *Satz von Ruffini* genannt (nach dem italienischen Mathematiker *Paolo Ruffini*, 1765–1822).

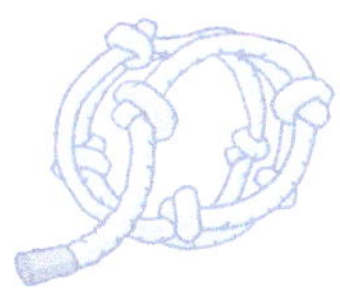

# 11 Folgen und Reihen

Folge

Konvergenz einer Zahlenfolge

Häufungspunkt

Teilfolgen

Addition konvergenter Folgen

Cauchyfolgen

Unendliche Reihen

Geometrische Reihe

Das Majorantenkriterium

Dezimalbrüche

Das Quotientenkriterium

Das Wurzelkriterium

# 11.1 Folge

- **Eine Folge besteht aus Zahlen, die aufeinander folgen.**
  Abgesehen davon, dass es auch Folgen gibt, die nicht aus Zahlen bestehen, ist diese Beschreibung wenig hilfreich.
- **Bei einer Folge werden Zahlen oder andere Objekte der Reihe nach aufgeschrieben.**
  Genau: Irgendwelche Objekte und eines nach dem anderen.
- **Bei einer Folge gibt es ein erstes Element, ein zweites, ein drittes, und so weiter. Für jede natürliche Zahl gibt es genau ein Objekt.**
  Jetzt wird deutlich: Eine Folge hat einen Anfang.
- **Die Elemente einer Folge sind mit den natürlichen Zahlen nummeriert. Das erste heißt $a_1$, das zweite $a_2$, das nächste $a_3$ und so weiter. Für jede natürliche Zahl $n$ gibt es genau ein Folgenglied $a_n$.**
  Jetzt wird die Beziehung zu den natürlichen Zahlen angesprochen. Eine Folge ist strukturell etwas Ähnliches wie die natürlichen Zahlen: Es fängt irgendwo an und geht dann schrittweise immer weiter.
- **Bei einer Folge wird jeder natürlichen Zahl genau ein Folgenglied zugeordnet: Zu der Zahl $n$ gehört das Folgenglied $a_n$.**
  Das ist schon fast die formale Beschreibung.
- **Eine Folge ist eine Abbildung von $\mathbf{N}$ in eine Menge $X$. Jedem $n$ wird das Folgenglied $a_n$ zugeordnet. Man schreibt entweder $(a_1, a_2, a_3, \ldots)$ oder, kürzer, $(a_n)$.**
  Das ist die präzise Formulierung. Man schreibt Folgen in runden Klammern; dadurch wird die Verwandtschaft mit den Tupeln (= endliche Folgen) deutlich.

## Aufgaben, Tests, Herausforderungen

**1. Richtig oder falsch? Eine Folge reeller Zahlen ist**

- ☐ eine Abbildung von **R** nach **N**.
- ☐ eine Abbildung von **N** nach **R**.
- ☐ eine injektive Abbildung von **N** nach **R**.
- ☐ eine surjektive Abbildung von **N** nach **R**.

**2. Richtig oder falsch? Bei einer Folge reeller Zahlen …**

- ☐ kommt keine Zahl doppelt vor.
- ☐ kommt jede reelle Zahl mindestens einmal vor.
- ☐ werden die Glieder immer kleiner.
- ☐ können die Glieder immer durch einen Term angegeben werden.

**3. Man kann eine Folge durch einen Term definieren. Schreiben Sie die ersten fünf Glieder in folgenden Folgen ($a_1$, $a_2$, $a_3$, ...) explizit auf:**

$a_n = n^2$

$a_n = -n + 5$

$a_n = 2^n$

$a_n = n!$

$a_n$ = n-te Nachkommastelle von $\pi$

$$a_n = \left(\frac{n+1}{n}\right)^n$$

*Bemerkung:* Folgen können mit unterschiedlichen Indizes beginnen. Meist beginnt eine Folge mit $a_1$ oder $a_0$. Aber auch $(a_4, a_5, a_6, \ldots)$ ist eine Folge. Formal ist diese Folge dann eine Abbildung der Menge $\{4, 5, 6, \ldots\}$ in eine Menge $X$.

# 11.2 Konvergenz einer Zahlenfolge

- **Eine Zahlenfolge konvergiert, wenn sie einen Grenzwert hat.**
  **Wenn man schon wüsste, was ein Grenzwert ist, wäre das eine Definition. So ist es bestenfalls ein erster Schritt zum Verständnis.**
- **Eine Zahlenfolge konvergiert, wenn sie sich ihrem Grenzwert immer weiter nähert.**
  **Immer noch eine ziemlich vage Vorstellung von Konvergenz.**
- **Eine Zahlenfolge konvergiert, wenn sie dem Grenzwert beliebig nahe kommt.**
  **Hier ist das Wort „beliebig" entscheidend; „immer näher kommen" könnte auch nur bedeuten, dass ein fester Abstand nie unterschritten wird.**
- **Eine Folge von Zahlen $a_n$ konvergiert, wenn diese mit wachsendem $n$ ihren Grenzwert beliebig nahe kommen.**
  **Hier zeigt das „wachsende $n$" an, dass nicht die Folge dem Grenzwert beliebig nahe kommt, sondern dass sich die Folgenglieder dem Grenzwert nähern.**
- **Eine Zahlenfolge konvergiert, wenn gilt: Wie klein man auch einen Abstand wählt, irgendwann haben alle Folgenglieder einen kleineren Abstand vom Grenzwert.**
  **Die Vorstellung des „beliebig nahe kommen" wird hier präziser gefasst durch Vorgabe eines beliebig kleinen Abstands.**
- **Eine Zahlenfolge konvergiert, wenn gilt: Wie klein man auch immer einen Abstand $\varepsilon$ wählt, ab einem gewissen $n$ haben alle Folgenglieder $a_n$ einen kleineren Abstand als $\varepsilon$ vom Grenzwert.**
  **Jetzt wird der Abstand $\varepsilon$ benannt.**
- **Eine Folge von Zahlen $a_n$ konvergiert gegen den Grenzwert $a$, wenn gilt: Für jedes noch so kleine, positive $\varepsilon$ gibt es eine Zahl $N$, so dass $|a_n - a| < \varepsilon$ für alle $n > N$ gilt.**
  **Jetzt wird auch präzise gesagt, ab welcher Nummer $N$ der Folgenglieder der vorgegebene Abstand unterschritten wird.**
- **Eine Folge von Zahlen $a_n$ konvergiert gegen den Grenzwert $a$, wenn gilt: Für alle $\varepsilon > 0$ gibt es ein $N$ so, dass $|a_n - a| < \varepsilon$ für alle $n > N$ gilt.**
  **Das ist jetzt die endgültige Definition. Bei dieser kommt das Verhältnis von $\varepsilon$ und $N$ zum Ausdruck. Das $N$ hängt von $\varepsilon$ ab und kann nicht unabhängig gewählt werden. Beachten Sie außerdem, mit welchem genialen Trick man das „beliebig nahe" jetzt formuliert: „Für alle $\varepsilon > 0$".**

*Bemerkung:* Man bezeichnet den Grenzwert einer konvergenten Folge $(a_n)$ mit $\lim_{n\to\infty} a_n$. Man spricht dies „Limes $a_n$ für $n$ gegen unendlich". „Limes" ist lateinisch und bedeutet „Grenze".

## Aufgaben, Tests, Herausforderungen

1. **Geben Sie jeweils eine Folge an, die gegen 0, 1, 2 beziehungsweise –1 konvergiert.**

2. **Richtig oder falsch? Eine Folge $(a_n)$ konvergiert gegen den Grenzwert a, falls für jedes $\varepsilon > 0$ gilt:**

   - ☐ Es gibt nur endlich viele Folgenglieder, die einen Abstand $> \varepsilon$ von a haben.
   - ☐ Unendlich viele Folgenglieder haben einen Abstand kleiner als $\varepsilon$ von a.

3. **Sei $(a_n)$ eine konvergente Folge positiver reeller Zahlen. Welche der im Folgenden dargestellten Folgen ist ebenfalls konvergent? (**Stets / manchmal /nie)

   - ☐ $(-a_n)$
   - ☐ $(a_n + 2)$
   - ☐ $(10a_n)$
   - ☐ $(a_n^2)$
   - ☐ $(1/ a_n)$
   - ☐ $(\sqrt{a_n})$

4. **Eine konvergente Folge reeller Zahlen mit Grenzwert 0 wird eine *Nullfolge* genannt. Sei $(a_n)$ eine Nullfolge, wobei alle $a_n$ positiv sein sollen. Welche der im Folgenden dargestellten Folgen ist dann ebenfalls eine Nullfolge? (**Stets /manchmal /nie)

   - ☐ $(-a_n)$
   - ☐ $(a_n + 2)$
   - ☐ $(10a_n)$
   - ☐ $(a_n^2)$
   - ☐ $(1/ a_n)$
   - ☐ $(\sqrt{a_n})$

# 11.3 Häufungspunkt

- **Ein Häufungspunkt ist so etwas Ähnliches wie ein Grenzwert.**
  Wenn man diese Aussage richtig interpretiert, hat sie durchaus Inhalt.

- **Ein Häufungspunkt einer Folge ist eine Zahl, an der sich Folgenglieder häufen.**
  Das ist fast nur ein Spiel mit Worten.

- **Ein Häufungspunkt einer Folge ist eine Zahl, in deren Nähe unendlich viele Folgenglieder liegen.**
  Das geht in die richtige Richtung. Aber: Was heißt „Nähe"?

- **Ein Häufungspunkt einer Folge ist eine Zahl $a$, so dass in jeder noch so kleinen Umgebung um $a$ unendlich viele Folgenglieder liegen.**
  Damit wird das ungenaue „in der Nähe" wesentlich präziser gefasst.

- **Ein Häufungspunkt einer Folge ist eine Zahl $a$, für die gilt: Für jedes $\varepsilon > 0$ gibt es unendlich viele Folgenglieder, die höchstens den Abstand $\varepsilon$ von $a$ haben.**
  Dadurch, dass der Abstand benannt wird (mit $\varepsilon$), ergibt sich eine viel klarere Formulierung.

- **Ein Häufungspunkt einer Folge ist eine Zahl $a$, für die gilt: Für jedes $\varepsilon > 0$ gibt es unendlich viele Folgenglieder $a_n$ mit $|a_n - a| < \varepsilon$.**
  Das ist die präzise Formulierung.
  Machen Sie sich klar, dass die Ausdrücke „$a_n$ hat höchstens den Abstand $\varepsilon$ von $a$" und „$|a_n - a| < \varepsilon$" genau das Gleiche ausdrücken.

## Aufgaben, Tests, Herausforderungen

**1. Richtig oder falsch?**

- ☐ Jede Folge hat einen Häufungspunkt.
- ☐ Jede Folge hat genau einen Häufungspunkt.
- ☐ Jede konvergente Folge hat genau einen Häufungspunkt.
- ☐ Jeder Häufungspunkt einer Folge ist Grenzwert dieser Folge.
- ☐ Der Grenzwert einer konvergenten Folge ist Häufungspunkt dieser Folge.

**2. Tragen Sie in die entsprechenden Felder der folgenden Tabelle die Begriffe „Häufungspunkt", „Grenzwert", „kein Häufungspunkt" ein. Sei $(a_n)$ eine Folge und $a$ eine reelle Zahl. Dann gilt:**

| liegen | nur endlich viele Folgenglieder | unendlich viele Folgenglieder |
|---|---|---|
| innerhalb jeder $\varepsilon$-Umgebung um $a$ | | |
| außerhalb jeder $\varepsilon$-Umgebung um $a$ | | |

**3. Bestimmen Sie die Häufungspunkte der folgenden Folgen:**

$(1/n)$

$(-1)^n$

$((-1)^n \cdot (n+1)/n)$

**4. Konstruieren Sie eine Folge mit den Häufungspunkten 1 und 2.**
**Geben Sie eine Folge mit drei Häufungspunkten an.**

# 11.4 Teilfolgen

- **Eine Teilfolge ist ein Teil einer Folge.**
  Mit solchen Formulierungen glaubt man, etwas gesagt zu haben, es bleibt aber fast alles unklar.

- **Man erhält aus einer Folge eine Teilfolge, indem man nur einen Teil der Folgenglieder betrachtet.**
  Jetzt wird wenigstens klar, worauf sich „Teil" bezieht.

- **Man erhält aus einer Folge $(a_1, a_2, a_3, \ldots)$ eine Teilfolge, indem man gewisse Folgenglieder, zum Beispiel $a_2, a_3, a_5, a_9, a_{17}, \ldots$ auswählt.**
  Jetzt wird implizit gesagt, dass die Glieder der Teilfolge in der gleichen Reihenfolge auftauchen wie in der Originalfolge.

- **Man erhält aus einer Folge $(a_1, a_2, a_3, \ldots)$ eine Teilfolge, indem man nur gewisse Indizes, zum Beispiel 2, 3, 5, 9, 17, ..., betrachtet. Die dazugehörigen Folgenglieder bilden die Teilfolge.**
  In der Tat muss man nur wissen, welche Indizes (Nummern) die Glieder der Teilfolge haben sollen.

- **Eine Teilfolge einer Folge $(a_1, a_2, \ldots)$ ist eine Folge $(b_1, b_2, \ldots)$, wobei $b_1, b_2, \ldots$ Elemente der Folge $(a_1, a_2, \ldots)$ sind, ..., zum Beispiel $b_1 = a_2, b_2 = a_3, b_3 = a_5, b_4 = a_9, b_5 = a_{17}, \ldots$**
  Die vorige Aussage hat den Begriff anhand eines Beispiels klar gemacht. Nun wird versucht, das allgemein zu sagen.

- **Um eine Teilfolge der Folge $(a_n) = (a_1, a_2, a_3, \ldots)$ zu erhalten, wählt man eine Folge $(n_1, n_2, n_3, \ldots)$ natürlicher Zahlen, die streng monoton wächst (das heißt $n_1 < n_2 < n_3 < \ldots$). (Zum Beispiel $n_1 = 2, n_2 = 3, n_3 = 5, n_4 = 9, n_5 = 17, \ldots$) Dann ist $(a_{n_1}, a_{n_2}, a_{n_3}, \ldots.)$ eine Teilfolge von $(a_1, a_2, a_3, \ldots)$.**
  So wird eine Teilfolge üblicherweise definiert. Das heißt: Es wird genau gesagt, wie die Folge der Indizes aussehen muss, damit man von einer Teilfolge spricht.

## Aufgaben, Tests, Herausforderungen

1. **Machen Sie sich klar, dass durch die folgenden Ausdrücke Teilfolgen der Folge $(a_n)_{n \geq 1}$ beschrieben werden. Geben Sie in jedem Fall die Folge $n_1, n_2, \ldots$ der Indizes an:**
   $(a_{n+3})$, $(a_{3n+1})$, $(a_{n(n+1)})$, $(a_{n!})$.

2. **Welche der folgenden Folgen ist eine Teilfolge von der Folge der ungeraden Zahlen (1, 3, 5, 7, 9, ...)?**

   - ☐ (1, 2, 3, 5, ...), d.h. die Folge der Fibonacci-Zahlen.
   - ☐ Die Folge (3, 5, 7, 9, ...) der Primzahlen > 2.
   - ☐ Die Folge der Quadratzahlen.
   - ☐ Die Folge „Reiskornzahlen“, also der Gesamtanzahlen der Reiskörner auf n Feldern (auf dem ersten Feld 1, dann 2, dann 4 und so weiter, jeweils das Doppelte).

3. **Welche der folgenden Folgen enthält die Folge (1, 3, 5, 7, ...) der ungeraden Zahlen als Teilfolge?**

   - ☐ Die Folge der Fibonacci-Zahlen.
   - ☐ Die Folge der ungeraden Primzahlen.
   - ☐ Die Folge der Quadratzahlen.
   - ☐ Die Folge der Reiskornzahlen.

4. **Richtig oder falsch?**

   - ☐ Jeder Häufungspunkt einer Folge ist Grenzwert einer konvergenten Teilfolge.
   - ☐ Jeder Grenzwert einer konvergenten Teilfolge ist ein Häufungspunkt.
   - ☐ Wenn $(a_n)$ konvergiert, dann konvergiert auch $(a_{2n})$.
   - ☐ Wenn $(a_{2n})$ konvergiert, dann konvergiert auch $(a_n)$.

# 11.5 Addition konvergenter Folgen

Die Addition von Folgen ist komponentenweise definiert: Man erhält das n-te Glied der Summenfolge, indem man die n-ten Glieder der Einzelfolgen addiert. Kurz: Das n-te Glied $c_n$ der Summenfolge ist definiert als $c_n := a_n + b_n$. Noch kürzer kann man die Summenfolge einfach als $(a_n+b_n)$ beschreiben.

Dies sollen konvergente Folgen sein.

$$(a_1, a_2, \ldots, a_n, \ldots) + (b_1, b_2, \ldots, b_n, \ldots)$$
$$= (a_1 + b_1, a_2 + b_2, \ldots, a_n+b_n, \ldots)$$

Konvergenz der Folgen $(a_n)$ und $(b_n)$ bedeutet, dass die Folgenglieder sich dem jeweiligen Grenzwert $a$ bzw. $b$ beliebig nahe annähern. Genauer gesagt, dass ab einer gewissen Nummer $n$ die Folgenglieder einen Abstand kleiner als jedes vorgegebene $e > 0$ zu dem Grenzwert haben.

Wenn sich die Folgenglieder der Folge $(a_n)$ ab einer gewissen Nummer dem Grenzwert $a$ beliebig nahe kommen und die Folgenglieder der Folge $(b_n)$ dem Grenzwert $b$ beliebig nahe kommen, dann kommen die Glieder der Folge $(a_n+b_n)$ ab einer gewissen Nummer der Zahl $a+b$ beliebig nahe. Also ist $a+b$ der Grenzwert der Folge $(a_n + b_n)$. Man schreibt kurz:
$\lim(a_n + b_n) = \lim(a_n) + \lim(b_n)$.

## Aufgaben, Tests, Herausforderungen

1. **Seien $(a_n)$ und $(b_n)$ konvergente Folgen reeller Zahlen mit den Grenzwerten a beziehungsweise b. Welche der im Folgenden dargestellten Folgen sind ebenfalls konvergent? Warum? Geben Sie im Falle der Konvergenz den Grenzwert an.**

   - ☐ $(3a_n + 4b_n)$
   - ☐ $(a_n + a_{n+1})$
   - ☐ $(2a_n + 5b_{n+3})$
   - ☐ $(7a_{n+1} - 4b_{2n})$

2. **Seien $(a_n)$ und $(b_n)$ konvergente Folgen, deren Glieder positive reelle Zahlen sind. Sind dann die Folgen $(a_n \cdot b_n)$ und $(a_n / b_n)$ auch konvergent? Können Sie gegebenenfalls den Grenzwert angeben?**

3. **Schreiben Sie den Beweis der Konvergenz der Summenfolge in exakter mathematischer Sprache auf.**

# 11.6 Cauchyfolgen

- **Eine Cauchyfolge ist eine konvergente Folge ohne Grenzwert.**
  Diese Formulierung ist zwar ein Widerspruch in sich, aber einige entscheidende Begriffe sind genannt.
- **Eine Cauchyfolge ist eine Zahlenfolge, die konvergiert, ohne dass man den Grenzwert kennt.**
  Schiefe Formulierung: Konvergenz hängt nicht davon ab, ob jemand den Grenzwert kennt.
- **Eine Cauchyfolge ist eine Folge reeller Zahlen, von der man nachweisen kann, dass sie konvergiert, ohne den Grenzwert zu kennen.**
  Damit ist das Ziel formuliert. Es geht darum, ob man über die Konvergenz einer Folge entscheiden kann, ohne den Grenzwert zu kennen. Im Folgenden geht es nur noch darum, ein Kriterium dafür zu finden.
- **Eine Cauchyfolge hat die Eigenschaft, dass ihre Glieder immer näher zusammenrücken.**
  „Immer näher zusammenrücken" reicht nicht.
- **Eine Folge ist eine Cauchyfolge, falls der Abstand der Folgenglieder beliebig klein wird.**
  Das geht schon stark in die richtige Richtung.
- **Eine Folge reeller Zahlen ist eine Cauchyfolge, falls der Abstand der Folgenglieder kleiner als jedes vorgegebene positive $\varepsilon$ wird.**
  Jetzt ist das „beliebig klein" mathematisch präzise gefasst. Aber was heißt „beliebig klein *werden*"?
- **Eine Folge ist eine Cauchyfolge, wenn ab einer gewissen Nummer alle Folgenglieder einen Abstand kleiner als ein beliebig kleines $\varepsilon$ haben.**
  Das ist schon fast die richtige Beschreibung. Allerdings bleibt die Abhängigkeit von $\varepsilon$ und „der Nummer" unklar.
- **Eine Folge ist eine Cauchyfolge, wenn es für alle $\varepsilon > 0$ eine natürliche Zahl $N$ gibt, so dass für alle $m, n \geq N$ der Abstand der Folgenglieder $a_m$ und $a_n$ kleiner als $\varepsilon$ ist.**
  Dies ist die präzise formulierte „Verdichtungseigenschaft", die die Cauchyfolgen charakterisiert.
- **Eine Folge reeller Zahlen ist eine Cauchyfolge, wenn es für alle $\varepsilon > 0$ eine natürliche Zahl $N$ gibt, so dass für alle $m, n \geq N$ gilt $|a_m - a_n| < \varepsilon$.**
  Hier wird nur noch der Abstand von $a_m$ und $a_n$ formal beschrieben.

## Aufgaben, Tests, Herausforderungen

**1. Richtig oder falsch?**

- [ ] Jede Cauchyfolge hat einen Häufungspunkt.
- [ ] Wenn eine Folge einen Häufungspunkt hat, ist sie eine Cauchyfolge.
- [ ] Wenn eine Folge genau einen Häufungspunkt hat, ist sie eine Cauchyfolge.
- [ ] Jede konvergente Folge ist eine Cauchyfolge.

**2. Richtig oder falsch?**

- [ ] Der Grenzwert einer konvergenten Folge aus rationalen Zahlen ist eine rationale Zahl.
- [ ] Der Grenzwert einer konvergenten Folge aus positiven reellen Zahlen ist positiv.
- [ ] Der Grenzwert einer konvergenten Folge aus nichtnegativen Zahlen ist nichtnegativ.

**3. Zeigen Sie: Die Summe zweier Cauchyfolgen ist wieder eine Cauchyfolge.**

*Bemerkungen.*

1. Cauchyfolgen sind nach dem französischen Mathematiker *Augustin Louis Cauchy* (1789–1857) benannt.
2. Es ist nicht so, dass jede Cauchyfolge konvergiert. Cauchyfolgen konvergieren in so genannten „vollständigen Räumen“. Zum Beispiel sind abgeschlossene Intervalle vollständig. Auch ganz $\mathbf{R}$ ist vollständig. Das heißt: In der Menge der reellen Zahlen konvergiert jede Cauchyfolge.
3. Man kann Cauchyfolgen wunderbar dazu benutzen, die reellen Zahlen zu konstruieren, indem man zu den rationalen Zahlen die Grenzwerte der Cauchyfolgen aus rationalen Zahlen hinzufügt. Die Vorstellung bei Cauchyfolgen ist also nicht die, dass man den Grenzwert „nicht kennt“, sondern dass man mit einer Cauchyfolge eine neue reelle Zahl konstruiert.

# 11.7 Unendliche Reihen

- **Bei einer unendlichen Reihe werden unendlich viele Zahlen addiert.**
  Das Problem ist, dass man nicht unendlich viele Zahlen addieren kann, sondern nur endlich viele. In jedem Schritt sogar nur zwei.

- **Bei einer Reihe werden unendlich viele Zahlen der Reihe nach aufaddiert.**
  Damit ist das Verfahren klar. Aber es ist immer noch nicht klar, was „unendlich viele Zahlen addieren" bedeutet und was das Ergebnis sein soll.

- **Für eine Reihe braucht man zunächst eine Folge $a_1, a_2, a_3, \ldots$ von reellen Zahlen. Diese werden dann der Reihe nach aufaddiert. Das heißt, man addiert zu $a_1$ zunächst $a_2$, dann $a_3$, dann $a_4$ und so weiter.**
  **Man bildet also die Summe $a_1 + a_2 + a_3 + \ldots$, oder kurz $\sum_{n=1}^{\infty} a_n$ .**

  Man weiß nicht, wie man bei dieser „unendlichen Summe" jemals fertig werden soll.

- **Schauen wir uns das schrittweise Addieren genauer an. Wir starten mit $a_1$. Dann kommt $a_1 + a_2$. Dann $a_1 + a_2 + a_3$. Und so weiter. Die einzelnen Schritte werden also durch die Summen $s_1 = a_1$, $s_2 = a_1+a_2$, $s_3 = a_1+a_2+a_3$, allgemein $s_n = a_1+a_2+\ldots+a_n$ gebildet. Diese Summen $s_1, s_2, s_3, \ldots$ nennt man *Partialsummen.* Das schrittweise Addieren besteht also darin, von einer Partialsumme zur nächsten voranzuschreiten.**
  Zunächst glaubt man, dass man das Problem nur verlagert hat: von der unendlichen Summe auf die unendlich vielen Partialsummen. Aber das ist die Lösung des Problems! Denn jede Partialsumme kann in endlich vielen Schritten bestimmt werden, und was eine Folge ist, wissen wir auch.

- **Nun macht man einen Sprung in eine höhere Ebene und sagt: Wir identifizieren die Reihe mit der Folge ihrer Partialsummen. Die *Reihe*, die wir mit dem Symbol**

  **$\sum_{n=1}^{\infty} a_n$ bezeichnen, ist definiert als Folge $(s_1, s_2, s_3, \ldots)$ der Partialsummen.**

## Aufgaben, Tests, Herausforderungen

1. **Berechnen Sie die ersten vier Partialsummen der folgenden Reihen:**

$$\sum_{n=1}^{\infty}\frac{1}{n},\ \sum_{n=1}^{\infty}(-1)^n\frac{1}{n},\ \sum_{n=1}^{\infty}\frac{1}{n^2},\ \sum_{n=1}^{\infty}\frac{n}{n+1},\ \sum_{n=1}^{\infty}\frac{n}{2^n}.$$

**Man sagt, dass eine unendliche Reihe $\sum_{n=1}^{\infty} a_n$ *konvergiert,* wenn die Folge der Partialsummen konvergiert. In diesem Fall bezeichnet man auch den Grenzwert mit dem Symbol $\sum_{n=1}^{\infty} a_n$.**

2. **Zeigen Sie: Wenn eine Reihe $\sum_{n=1}^{\infty}$ mit reellen $a_n$ die Eigenschaft hat, dass alle Folgenglieder $a_n$ größer als eine positive Zahl $t$ sind, dann konvergiert die Reihe nicht.**

**Wenn $\sum_{n=1}^{\infty} a_n$ konvergiert, dann ist $(a_1, a_2, a_3, \ldots)$ eine Nullfolge.**

3. **Welche der folgenden Reihen konvergieren?**

☐ $\sum_{n=1}^{\infty}\frac{1}{n}$

☐ $\sum_{n=1}^{\infty}(-1)^n\frac{1}{n}$

☐ $\sum_{n=1}^{\infty}\frac{n}{n+1}$

☐ $\sum_{n=1}^{\infty}\frac{1}{n^2}$

# 11.8 Geometrische Reihe

Die geometrische Reihe konvergiert nicht nur, sondern man kann den Grenzwert genau angeben. Zum Beispiel ist für $q = ½$ der Grenzwert gleich 2.

Bei einer *geometrischen Reihe* unterscheiden sich aufeinander folgende Glieder jeweils um einen konstanten Faktor $q$.

Für $|q| > 1$ konvergiert die geometrische Reihe nicht.

$$\mathbf{1 + q + q^2 + q^3 + \ldots = \frac{1}{1-q}}, \textbf{ falls } \mathbf{-1 < q < 1} \textbf{ gilt.}$$

$q^n$ sieht groß aus, ist aber wegen $-1 < q < 1$ winzig.

Der Beweis erfolgt dadurch, dass man zuerst die endliche geometrische Reihe berechnet. Es gilt:

$$1 + q + q^2 + q^3 + \ldots + q^n = \frac{q^{n+1} - 1}{q-1}$$

Dies zeigt man durch Induktion nach $n$. Wenn man den Wert der geometrischen Reihe berechnen möchte, muss man $n$ „gegen unendlich laufen“, das heißt immer größer werden lassen. Der einzige Term auf der rechten Seite, der von $n$ abhängt, ist $q^{n+1}$.
Da $q$ zwischen $-1$ und $1$ liegt, werden die Potenzen von $q$ kleiner als jedes vorgegebene $\varepsilon$. Also ist $(q^{n+1})$ ein Nullfolge, und daher konvergiert die rechte Seite gegen $\frac{-1}{q-1}$, was nichts anderes als $\frac{1}{1-q}$ ist.

## Aufgaben, Tests, Herausforderungen

1. **Welche der folgenden Reihen sind geometrische Reihen? Geben Sie gegebenenfalls den Grenzwert an.**

   - ☐ 1 + 1/2 + 1/4 + 1/8 + ...
   - ☐ 1 + 1/2 + 1/3 + 1/4 + ...
   - ☐ 1 – 1/2 + 1/4 – 1/8 + ...
   - ☐ 1 + 1/3 + 1/6 + 1/9 + ...
   - ☐ 1 + 1/3 + 1/9 + 1/27 + ...
   - ☐ 1 – 1 + 1 – 1 + 1 –1 + ...

2. **Was ist $a + aq + aq^2 + \ldots = \sum_{n=0}^{\infty} aq^n$ für eine reelle Zahl $q$ mit $-1 < q < 1$?**

   **Auch solche Reihen nennt man *geometrische Reihen*.**

3. **Identifizieren Sie die folgenden Reihen als geometrische Reihen, indem Sie $a$ und $q$ angeben. Bestimmen Sie den Grenzwert der Reihen.**

   - ☐ 0,7 + 0,07 + 0,007 + 0,0007 + ...
   - ☐ 0,9 + 0,09 + 0,009 + 0,0009 + ...
   - ☐ 0,1 + 0,03 + 0,001 + 0,0003 + ...
   - ☐ 0,1 + 0,02 + 0,003 + 0,0001 + 0,00002 + 0,000003 + ...

# 11.9 Das Majorantenkriterium

Betrag von $a_n$. Man muss fordern, dass nicht nur $a_n \leq b_n$ ist, sondern dass auch die Beträge der $a_n$ kleiner gleich $b_n$ sind. Denn jede Reihe aus negativen Zahlen wird zum Beispiel durch die geometrische Reihe 1 + 1/2 + 1/4 + 1/8 + ... majorisiert – ohne konvergieren zu müssen.

Das Majorantenkriterium sagt nur etwas darüber aus, ob die Reihe der $a_n$ konvergiert. Über den Grenzwert $a$ der konvergenten Reihe der $a_n$ weiß man nur, dass er höchstens so groß wie der Grenzwert $b$ der Reihe der $b_n$ ist.

Jedes $b_n$ ist mindestens so groß wie das entsprechende $| a_n |$. Das wird in alter Sprache durch den Begriff „Majorante" ausgedrückt („major", lat. = größer) . Die Reihe der $b_n$ ist eine *Majorante* der Reihe der $a_n$ .

$$|a_n| \leq b_n,\ \sum_{n=1}^{\infty} b_n \ \textbf{konvergiert} \Rightarrow \sum_{n=1}^{\infty} a_n \ \textbf{konvergiert}$$

Man setzt voraus, dass man eine konvergente Reihe hat und schließt damit auf die Konvergenz einer anderen Reihe.

Diese Bedingung muss grundsätzlich für alle $n$ gelten. Für die Konvergenz reicht es natürlich, dass die Bedingung ab einem gewissen $n_0$ gilt (das heißt für alle $n \geq n_0$).

## Aufgaben, Tests, Herausforderungen

1. **Welche der folgenden Reihen hat die geometrische Reihe 1 + 1/2 + 1/4 + 1/8 + … als Majorante?**

   ☐ 1 + 1/2 + 1/3 + 1/4 + 1/5 + …

   ☐ 1 + 1/3 + 1/6 + 1/9 + 1/12 + …

   ☐ 1 + 1/3 + 1/9 + 1/27 + …

   ☐ 1 + 0,4 + 0,04 + 0,004 + …

2. **Welche der folgenden Reihen ist eine Majorante der geometrischen Reihe 1 + 1/2 + 1/4 + 1/8 + … ?**

   ☐ 1 + 1/2 + 1/3 + 1/4 + 1/5 + …

   ☐ 1 + 1/2 + 1/3 + 1/6 + 1/10 + 1/15 + 1/21 + …

   ☐ 1 + 1/3 + 1/9 + 1/27 + …

   ☐ 1 + 0,6 + 0,06 + 0,006 + …

3. **Definieren Sie, was es heißen soll, dass eine Reihe eine Minorante einer anderen Reihe ist (minor = kleiner).**

   **Zeigen Sie: Wenn eine Reihe eine divergente Minorante hat, dann divergiert die Reihe.**

# 11.10 Dezimalbrüche

- **Ein Dezimalbruch ist eine Zahl, die Stellen vor dem Komma und nach dem Komma hat.**
  Hier tun sich viele Fragen auf: Was ist eine Stelle? Und was ist das „Komma" einer Zahl?

- **Ein Dezimalbruch ist eine Zahl, die vor dem Komma endlich viele Stellen und nach dem Komma möglicherweise unendlich viele Stellen hat.**
  Die Stellen vor dem Komma verstehen wir: Das ist eine natürliche Zahl. Aber die unendlich vielen Stellen nach dem Komma – das soll *eine* Zahl geben?

- **Ein Dezimalbruch ist so etwas wie Pi, also 3,14159... Die 3 vor dem Komma ist klar. Die 1 nach dem Komma bedeutet 1 Zehntel, die 4 bedeutet 4 Hundertstel, die zweite 1 bedeutet 1 Tausendstel und so weiter.**
  Jetzt haben wir eine Ahnung, was die einzelnen Stellen sein sollen – aber was ist dann die ganze Zahl?

- **Die Zahl 3,14159... bedeutet eigentlich 3 plus 1 Zehntel plus 4 Hundertstel plus 1 Tausendstel und so weiter.**
  Aha!

- **Ein Dezimalbruch ist eine unendliche Summe: Zehntel plus Hundertstel plus Tausendstel plus und so weiter.**
  Genau so ist es.

- **Ein Dezimalbruch wird geschrieben als eine natürliche Zahl plus einer unendlichen Folge von Ziffern $a_1a_2a_3$... („Nachkommastellen"); dies bedeutet: $a_1$ Zehntel plus $a_2$ Hundertstel plus $a_3$ Tausendstel und so weiter.**
  Hier wird zum ersten Mal explizit unterschieden zwischen der Art und Weise, eine Dezimalzahl zu schreiben und ihrer Bedeutung.

- **Ein Dezimalbruch der Form $0,a_1a_2a_3$... ist gleich der unendlichen Reihe**

  **$a_1/10 + a_2/100 + a_3/1000 + \ldots$ oder, in kompakter Form: $\sum_{n=1}^{\infty} \frac{a_n}{10^n}$ .**

  Das ist die richtige Beschreibung. Jetzt bekommt auch die Frage „Was ist ein Dezimalbruch?" einen Sinn; denn diese Frage wird jetzt übersetzt in die Frage: Konvergiert die entsprechende Reihe?

## Aufgaben, Tests, Herausforderungen

1. **Richtig oder falsch?**

   ☐ Jeder Dezimalbruch ist eine unendliche Reihe.

   ☐ Der Dezimalbruch 0,5 ist eine unendliche Reihe.

   ☐ 0,999… = 1

   ☐ Je zwei Dezimalbrüche, die sich in ihren Ziffern unterscheiden, sind auch verschiedene reelle Zahlen.

2. **Zeigen Sie: Jeder Dezimalbruch ist eine *konvergente* unendliche Reihe.**

3. **Zeigen Sie:**

   a) Eine Bruchzahl der Form $a/10^r$ kann durch einen abbrechenden Dezimalbruch (das ist ein Dezimalbruch, bei dem ab irgendeiner Stelle nur noch Nullen kommen) dargestellt werden.

   b) Eine Bruchzahl der Form $a/2^r5^s$ kann durch einen abbrechenden Dezimalbruch dargestellt werden.

   c) Sei $a/b$ eine Bruchzahl, die maximal gekürzt ist (also ggT(a, b) = 1). Wenn in $b$ eine Primzahl ≠ 2, 5 aufgeht, dann kann $a/b$ nicht durch einen abbrechenden Dezimalbruch dargestellt werden.

4. **Zeigen Sie, dass $0,\overline{134} = \frac{134}{999}$ gilt. Verallgemeinern Sie diesen Sachverhalt.**

# 11.11 Das Quotientenkriterium

$$\left|\frac{a_{n+1}}{a_n}\right| \leq q,\ q < 1 \Rightarrow \sum_{n=0}^{\infty} a_n \text{ konvergiert}$$

Die Quotienten müssen durch eine Zahl $q$ abschätzbar sein. Dieses $q$ muss kleiner als 1 sein. Es reicht nicht, dass die Quotienten kleiner als 1 sind. Sie müssen kleiner oder gleich einer Zahl $q$ sein, die ihrerseits kleiner als 1 ist.

Der Pfeil geht nur in eine Richtung! Das heißt: Wenn man die Bedingung der linken Seite nachweisen kann, dann konvergiert die Reihe. Wenn man diese Bedingung aber nicht verifizieren kann, dann heißt das nichts; dann ist es möglich, dass die Reihe konvergiert oder dass sie divergiert.

Das Quotientenkriterium sagt nur, ob eine Reihe konvergiert. Insbesondere macht das Quotientenkriterium keine präzise Aussage über den Grenzwert der Reihe.

Betrag von $\frac{a_{n+1}}{a_n}$.

Wenn man durch $a_n$ dividiert, muss diese Zahl ungleich Null sein. Deshalb kann man beim Quotientenkriterium nur Reihen betrachten mit $a_n \neq 0$ für alle $n$.

$\sum_{n=0}^{\infty} a_n$ ist eine Reihe reeller Zahlen, von der entschieden werden soll, ob sie konvergiert.

Beim Quotientenkriterium muss man jeweils ein Glied $a_{n+1}$ durch das vorhergehende $a_n$ dividieren. Den Absolutbetrag dieses Quotienten muss man bestimmen oder wenigstens abschätzen können.

*Beweisidee*. Der Einfachheit halber nehmen wir an, dass die $a_n$ alle positiv sind. Dann folgt der Reihe nach $a_1 \leq a_0 \cdot q$, $a_2 \leq a_1 \cdot q \leq a_0 \cdot q^2$, $a_3 \leq a_2 \cdot q \leq a_0 \cdot q^3$, und allgemein $a_n \leq a_0 \cdot q^n$. Also ist die geometrische Reihe $\sum_{n=0}^{\infty} a_0 \cdot q^n$ eine Majorante von $\sum_{n=0}^{\infty} a_n$.

## Aufgaben, Tests, Herausforderungen

1. **Richtig oder falsch? Sei $\sum_{n=0}^{\infty} a_n$ eine Reihe, deren Glieder positive reelle Zahlen sind.**

   **Diese Reihe konvergiert nach dem Quotientenkriterium, falls es eine reelle Zahl q gibt mit folgenden Eigenschaften:**

   - ☐ $a_{n+1}/a_n < q$ für alle $n \geq 1$ und $q < 1$
   - ☐ $a_{n+1}/a_n \leq q$ für alle $n \geq 1$ und $q < 1$
   - ☐ $a_{n+1}/a_n < q$ für alle $n \geq 1$ und $q \leq 1$
   - ☐ $a_{n+1}/a_n \leq q$ für alle $n \geq 1$ und $q \leq 1$

2. **Zeigen Sie, dass folgende Reihen konvergieren:**

   $$\sum_{n=0}^{\infty} \frac{1}{2^n}$$

   $$\sum_{n=0}^{\infty} \frac{n}{2^n}$$

   $$\sum_{n=0}^{\infty} \frac{n^2}{2^n}$$

# 11.12 Das Wurzelkriterium

Der Pfeil geht nur in eine Richtung! Das heißt: Wenn man die Bedingung der linken Seite nachweisen kann, dann konvergiert die Reihe. Wenn man diese Bedingung aber nicht verifizieren kann, dann heißt das nichts; dann ist es möglich, dass die Reihe konvergiert oder dass sie divergiert.

*Beweisidee*. Aus $\sqrt[n]{|a_n|} \le q$ folgt $|a_n| \le q^n$. Damit ist die geometrische Reihe $\sum_{n=1}^{\infty} q^n$ eine Majorante der Reihe $\sum_{n=1}^{\infty} |a_n|$. Also konvergiert diese Reihe, und damit auch die Reihe $\sum_{n=1}^{\infty} a_n$.

Betrag von $a_n$

$$\sqrt[n]{|a_n|} \le q,\ q < 1 \Rightarrow \sum_{n=1}^{\infty} a_n \text{ konvergiert}$$

Beim *Wurzelkriterium* muss man die n-te Wurzel des Betrags des n-ten Reihenglieds $a_n$ bestimmen oder wenigstens abschätzen.

$\sum_{n=1}^{\infty} a_n$ ist eine Reihe reeller Zahlen, von der entschieden werden soll, ob sie konvergiert.

Die n-ten Wurzeln müssen durch eine Zahl $q$ abschätzbar sein. Dieses $q$ muss kleiner als 1 sein. Nicht nur „kleiner oder gleich“, sondern echt kleiner als 1.

Das Wurzelkriterium sagt nur, ob eine Reihe konvergiert. Genauer gesagt hat es nur zwei Antworten zur Verfügung: Entweder: „Die Reihe konvergiert“ oder „Ich weiß es nicht“. Insbesondere macht das Wurzelkriterium keinerlei Aussage über den Grenzwert der Reihe.

## Aufgaben, Tests, Herausforderungen

1. **Richtig oder falsch? Sei $\sum_{n=0}^{\infty} a_n$ eine Reihe, deren Glieder positive reelle Zahlen sind. Diese Reihe konvergiert nach dem Wurzelkriterium, falls es eine reelle Zahl $q$ gibt mit folgenden Eigenschaften:**

   - ☐ $\sqrt[n]{a_n} < q$ für alle $n \geq 1$ und $q < 1$
   - ☐ $\sqrt[n]{a_n} \leq q$ für alle $n \geq 1$ und $q < 1$
   - ☐ $\sqrt[n]{a_n} < q$ für alle $n \geq 1$ und $q \leq 1$
   - ☐ $\sqrt[n]{a_n} \leq q$ für alle $n \geq 1$ und $q \leq 1$

2. **Zeigen Sie: Eine Reihe, die der Voraussetzung des Quotientenkriteriums genügt, erfüllt auch die Voraussetzungen des Wurzelkriteriums. Insofern ist das Wurzelkriterium „stärker" als das Quotientenkriterium.**

# 12 Funktionen

x geht gegen $x_0$

Stetigkeit

Die ε-δ-Definition der Stetigkeit

Zwischenwertsatz

Ableitung

Ableitung eines Polynoms

Produktregel

Mittelwertsatz

Konvergenz von Funktionen

Potenzreihen

Konvergenz von Potenzreihen

Der Satz von Taylor

Exponentialreihe

Integral

# 12.1 x geht gegen $x_0$

- $\lim_{x \to x_0} f(x)$ heißt, dass x gegen $x_0$ läuft. Dabei ist x die Variable, und $x_0$ ein fester Wert.
  Dass $x_0$ fest und x variabel ist, ist richtig. Aber was es bedeutet, dass eine Variable „läuft“, ist vollkommen unklar.
- $\lim_{x \to x_0} f(x)$ heißt: x bewegt sich auf $x_0$ zu.
  „Bewegt sich“ ist nicht viel besser als „läuft gegen“. Beide Konzepte sind mathematisch an dieser Stelle nicht definiert.
- Das Symbol „lim“ kommt vom Wort „Limes“ und erinnert an einen Grenzwert. Grenzwerte beziehungsweise „Konvergenz“ sind zunächst nur für Folgen definiert. Also interpretieren wir den Ausdruck $x \to x_0$ durch eine Folge $(x_n)$, die gegen $x_0$ konvergiert.
  Wir betrachten die einzelnen Glieder $x_n$ dieser Folge und ihre Funktionswerte, also die Zahlen $f(x_n)$. Diese Zahlen bilden auch eine Folge, und diese konvergiert – hoffentlich.
  Das ist ein entscheidender Schritt. Wir führen das vage „x läuft gegen $x_0$“ zurück auf die Konvergenz einer Folge. Allerdings könnte es immer so sein, dass verschiedene Folgen zu unterschiedlichen Grenzwerten (und sogar zu Divergenz) der resultierenden Folgen der Funktionswerte führen.
- Für alle Folgen $(x_n)$, die gegen $x_0$ konvergieren, müssen die Folgen der Funktionswerte $(f(x_n))$ alle gegen den gleichen Grenzwert konvergieren. Diesen gemeinsamen Grenzwert bezeichnet man dann mit $\lim_{x \to x_0} f(x)$.
  Nur dann ist die Schreibweise $x \to x_0$ sinnvoll.
- Um es noch einmal klar zu sagen: 1. Man betrachtet *alle* Folgen, die gegen $x_0$ konvergieren. 2. Für jede dieser Folgen betrachtet man die Folge $(f(x_n))$ der zugehörigen Funktionswerte. 3. Nur wenn all diese Folgen konvergieren *und* den gleichen Grenzwert haben, macht der Ausdruck $\lim_{x \to x_0} f(x)$ überhaupt Sinn.

## Aufgaben, Tests, Herausforderungen

1. Zeigen Sie am Beispiel der Funktion f, die 0 ist für $x < 0$ und 1 für $x \geq 0$, dass es für $x_0 = 0$ Folgen gibt, die gegen 0 konvergieren, aber die Folge der Bilder
   - divergiert,
   - konvergiert und Grenzwert 1 hat,
   - konvergiert und Grenzwert 0 hat.

2. Welche der folgenden Ausdrücke sind sinnvoll?
   - ☐ $\lim_{x \to 0} |x|$
   - ☐ $\lim_{x \to 0} x^2$
   - ☐ $\lim_{x \to 0} 1/x$
   - ☐ $\lim_{x \to 0} \sqrt{|x|}$

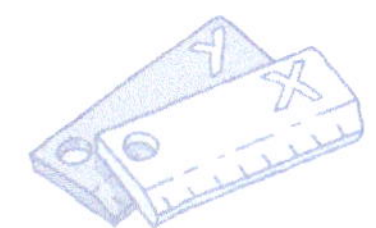

# 12.2 Stetigkeit

- **Eine Funktion ist stetig, wenn man sie ohne abzusetzen zeichnen kann.**
  Eine gute Vorstellung, die natürlich auch ihre Grenzen hat.
- **Eine Funktion ist stetig, wenn sie keine Sprünge macht.**
  Das ist eine erste Präzisierung der ersten Formulierung.
- **„Keine Sprünge machen“ (oder „keine Sprungstelle haben“) kann man viel klarer ausdrücken: Wenn zwei x-Werte nahe zusammen sind, dann müssen auch die zugehörigen y-Werte nahe zusammen sein.**
  Ein „Sprung“ bedeutet Folgendes: Für zwei x-Werte, die dicht beieinander liegen, sind die zugehörigen y-Werte deutlich verschieden.
- **Eine Funktion $f$ ist stetig im Punkt $x_0$, falls gilt: Wenn $x$ nahe bei $x_0$ ist, dann ist $f(x)$ nahe bei $f(x_0)$.**
  Neben der Einführung der Funktion wird jetzt deutlich, dass man von Stetigkeit „in einem Punkt“ sprechen kann. Stetigkeit ist also eine lokale Eigenschaft. Eine Funktion ist *stetig*, wenn sie in jedem Punkt stetig ist.
- **Eine Funktion $f$ ist stetig im Punkt $x_0$, falls gilt: Wenn $x$ gegen $x_0$ strebt, dann strebt $f(x)$ gegen $f(x_0)$.**
- **Eine Funktion $f$ ist stetig im Punkt $x_0$, falls $\lim\limits_{x \to x_0} f(x) = f(x_0)$ gilt.**
  Das ist mathematische Kurzsprache par excellence.

## Aufgaben, Tests, Herausforderungen

**1. Richtig oder falsch? Die Funktion f ist im Punkt $x_0$ stetig, genau dann wenn gilt:**

- [ ] Wenn eine Folge $(x_n)$ gegen $x_0$ konvergiert, dann konvergiert $(f(x_n))$ gegen $f(x_0)$.
- [ ] Es gibt eine Folge $(x_n)$, die gegen $x_0$ konvergiert, so dass $(f(x_n))$ gegen $f(x_0)$ konvergiert.
- [ ] Wenn eine Folge $(f(x_n))$ gegen $f(x_0)$ konvergiert, dann konvergiert $(x_n)$ gegen $x_0$.
- [ ] Jede Folge $(f(x_n))$ konvergiert gegen $f(x_0)$.

**2. Die meisten Funktionen, die man durch einen Term beschreiben kann, sind stetig. Achtung ist aber immer dann geboten, wenn die Variable im Nenner auftaucht. Welche der folgenden Funktionen f von R nach R sind stetig? Skizzieren Sie die Graphen der Funktionen!**

$f(x) = x$

$f(x) = x+1$

$f(x) = x^2 + 1$

$f(x) = 1/x$

$f(x) = (x^2 + 1)/(x+1)$

**3. Seien f und g stetige Funktionen von R nach R. Machen Sie sich klar, dass dann auch die folgenden Funktionen stetig sind:**

$f + g$

$3f$

$7f - 2g$

$fg$

$3f + 7f - 10fg$

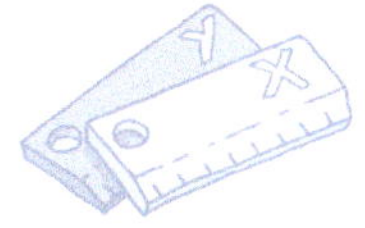

# 12.3 Die ε-δ-Definition der Stetigkeit

► **Eine Funktion $f$ ist stetig im Punkt $x_0$, falls gilt: Wenn $x$ nahe bei $x_0$ ist, dann ist $f(x)$ nahe bei $f(x_0)$.**
**Neben der Grenzwertbeschreibung kann man diese kleinen Abstände bei $x_0$ und bei $f(x_0)$ auch anders beschreiben.**

► **Eine Funktion $f$ ist stetig im Punkt $x_0$, falls gilt: Man kann den Abstand von $f(x)$ und $f(x_0)$ beliebig klein machen, wenn nur $x$ nahe genug an $x_0$ ist. Diesen Abstand zwischen $f(x)$ und $f(x_0)$ bezeichnet man mit $\varepsilon$ („epsilon").**
**Epsilon ist der magische Buchstabe der Analysis. Man stellt sich unter $\varepsilon$ eine winzige (aber noch positive) Zahl vor.**

► **Eine Funktion $f$ ist stetig im Punkt $x_0$, falls Folgendes erfüllt ist: Für alle $\varepsilon > 0$ gilt: Wenn $x$ nur nahe genug bei $x_0$ ist, dann ist der Abstand von $f(x)$ und $f(x_0)$ kleiner als $\varepsilon$.**
**Damit sind Sprünge ausgeschlossen. Denn wenn $f$ an einer Stelle einen Sprung irgendeiner Höhe $h$ machen würde, könnte man $\varepsilon < h$ wählen und hätte einen Widerspruch. – Jetzt muss man nur noch das „nahe genug" präzisieren.**

► **Eine Funktion $f$ ist stetig im Punkt $x_0$, falls Folgendes erfüllt ist: Für alle $\varepsilon > 0$ existiert ein $\delta > 0$ mit folgender Eigenschaft: Wenn der Abstand $|x - x_0|$ von $x$ und $x_0$ kleiner als $\delta$ ist, dann ist der Abstand $|f(x) - f(x_0)|$ von $f(x)$ und $f(x_0)$ kleiner als $\varepsilon$. (Kurz: $|x - x_0| < \delta \Rightarrow |f(x) - f(x_0)| < \varepsilon$.)**
**Ein Meisterstück einer mathematischen Definition. Beachten Sie, wie präzise alles ineinandergreift und was wovon abhängt. Insbesondere hängt das $\delta$ von $\varepsilon$ ab.**

## Aufgaben, Tests, Herausforderungen

1. **Wir betrachten die durch $f(x) = x^2$ definierte Funktion.**

   a) **Um die Stetigkeit im Punkt 0 zu zeigen, wählen wir $\varepsilon = 1/100$. Wie kann man dann $\delta$ wählen?**

   ☐ $\delta = 1/10$

   ☐ $\delta = 1/100$

   ☐ $\delta = 1/1000$

   b) **Welches $\delta$ kann man für allgemeines $\varepsilon$ wählen?**

   ☐ $\delta = \sqrt{\varepsilon}$

   ☐ $\delta = \varepsilon$

   ☐ $\delta = \varepsilon^2$

# 12.4 Zwischenwertsatz

- **Eine stetige Funktion nimmt jeden Wert zwischen zwei Werten an.**
  Diesen Satz versteht man nur, wenn man schon genau weiß, was er bedeutet.

- **Wenn eine Funktion stetig ist, nimmt sie jeden Wert zwischen f(a) und f(b) an.**
  Richtig. Man kann aber noch ein bisschen genauer sagen, wo sie diesen Wert annimmt.

- **Wenn eine Funktion $f$ auf dem Intervall $[a, b]$ stetig ist, dann nimmt sie in diesem Intervall jeden Wert zwischen $f(a)$ und $f(b)$ an.**
  Dies ist „anschaulich klar": Man kann den Graph einer stetigen Funktion zeichnen, ohne abzusetzen. Wenn man bei dem Wert $f(a)$ anfängt und bei $f(b)$ endet, muss man an jedem Zwischenwert vorbeikommen. Wenn zum Beispiel $f(a) < 0$, $f(b) > 0$ ist, dann gibt es „irgendwann" zwischen $a$ und $b$ ein $x$ mit $f(x) = 0$.

- **Wenn eine Funktion $f$ auf dem Intervall $[a, b]$ stetig ist, dann gibt es zu jedem „Zwischenwert" $y$ aus dem Intervall $[f(a), f(b)]$ eine Zahl $x \in [a, b]$ mit $f(x) = y$.**
  Jetzt sind Voraussetzung und Behauptung präzise formuliert.

- *Beweis*. Wir beweisen den Spezialfall des „Nullstellensatzes". Der Satz lautet: Sei $f$ eine Funktion, die auf dem Intervall $[a, b]$ stetig ist. Wenn $f(a) < 0$ und $f(b) > 0$ ist, dann gibt es eine Zahl $x$ zwischen $a$ und $b$ mit $f(x) = 0$.
  Man konstruiert die Zahl $x$ durch eine „Intervallschachtelung": Man halbiert das Intervall $[a, b]$; sei $m$ der Mittelpunkt. Wenn $f(m) = 0$ ist, dann ist $m$ der gesuchte Punkt. Wenn $f(m) > 0$ ist, dann ist $[a, m]$ das neue Intervall; wenn $f(m) < 0$ ist, ist $[m, b]$ das neue Intervall. Wir nennen das neue Intervall $[a_1, b_1]$. Sei $m_1$ der Mittelpunkt des Intervalls $[a_1, b_1]$. Wenn $f(m_1) > 0$ ist, ist $[a_1, m_1]$ das neue Intervall; wenn $f(m_1) < 0$ ist, ist $[m_1, b_1]$ das neue Intervall.
  Und so weiter.
  Wir erhalten eine Folge von Intervallen, die ineinander enthalten sind und von denen jedes die halbe Länge des vorhergehenden hat. Nach dem Axiom der Intervallschachtelung definiert diese Intervallschachtelung eine reelle Zahl $x$. Für diese Zahl $x$ gilt $f(x) = 0$.

## Aufgaben, Tests, Herausforderungen

1. a) Das reelle Polynom $f = x^3 + 1000x^2 + 1000x + 1000$ hat eine reelle Nullstelle. Zeigen Sie dazu, dass es ein $x_0$ gibt mit $f(x_0) < 0$ und ein $x_1$ mit $f(x_1) > 0$.

   b) Zeigen Sie: Jedes reelle Polynom der Form $x^3 + ax^2 + bx + c$ hat eine reelle Nullstelle.

2. Zeigen Sie:

   a) Jedes reelle Polynom ungeraden Grades hat mindestens eine reelle Nullstelle.

   b) Jedes reelle Polynom ungeraden Grades hat eine ungerade Anzahl von reellen Nullstellen.

3. Zeigen Sie:

   a) Wenn ein Polynom geraden Grades eine reelle Nullstelle hat, dann hat es auch eine zweite reelle Nullstelle.

   b) Jedes reelle Polynom geraden Grades hat eine gerade Anzahl von reellen Nullstellen.

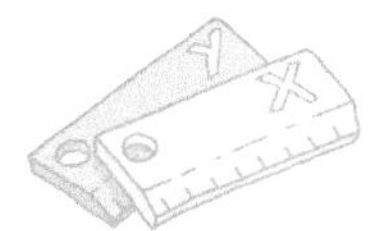

# 12.5 Ableitung

- Ein Funktion ist differenzierbar, wenn sie glatt ist, das heißt keine Knicke hat.
  Das ist eine sehr grobe Vorstellung. Schwierig ist dabei unter anderem, dass man so nur schwer ausdrücken kann, wann eine Funktion in einem Punkt differenzierbar ist.

- Eine Funktion ist an einer Stelle $x$ differenzierbar, wenn ihr Graph an dieser Stelle eine eindeutige Richtung hat.
  Wenn die Richtung feststeht, gibt es an dieser Stelle kein „Wackeln", also hat der Graph keinen „Knick".

- Eine Funktion ist an der Stelle $x$ differenzierbar, wenn ihr Graph in diesem Punkt eine eindeutige Tangente hat.
  Damit wird der Begriff „Richtung" präzisiert: Im Kleinen kann man eine differenzierbare Funktion durch eine Gerade annähern.

- Eine Tangente erhält man, wenn man von Sekanten ausgeht, also Geraden, die zwei Punkte des Graphen verbinden. Dabei hält man den einen Punkt fest und lässt den andern Schnittpunkt zum ersten Punkt wandern.
  Dieses „Wandern" muss präzisiert werden.

- Wir betrachten einen Punkt mit den Koordinaten $(x, f(x))$ und einen Punkt, dessen x-Koordinate sich um eine Zahl $h$ von $x$ unterscheidet, also den Punkt mit der x-Koordinate $x+h$ und der y-Koordinate $f(x+h)$. Die Sekante durch diese beiden Punkte ist eine Gerade mit der Steigung $\frac{f(x+h)-f(x)}{h}$.
  Diese Brüche nennt man die *Differenzenquotienten*.
  Nun lässt man $h$ gegen Null gehen. Wenn der Limes der Differenzenquotienten existiert, dann gibt es im Punkt $(x, f(x))$ eine eindeutige Tangente. Dann sagen wir, dass die Funktion $f$ in diesem Punkt differenzierbar ist.
  Es ist nicht garantiert, dass die Differenzenquotienten einen Grenzwert haben. Es kann durchaus sein, dass für eine Nullfolge $h_n$ der Grenzwert der Folge $\left(\frac{f(x+h_n)-f(x)}{h_n}\right)$ nicht existiert, oder dass verschiedene Nullfolgen unterschiedliche Grenzwerte liefern.

- Sei $f$ eine Funktion von $\mathbf{R}$ nach $\mathbf{R}$. Man sagt, dass $f$ an der Stelle $x$ *differenzierbar* ist, wenn $\lim\limits_{h\to 0}\frac{f(x+h)-f(x)}{h}$ existiert. Der Grenzwert der Differenzenquotienten wird dann die *Ableitung* der Funktion an der Stelle $x$ genannt und mit $f'(x)$ bezeichnet.

## Aufgaben, Tests, Herausforderungen

1. **Richtig oder falsch? Die Funktion f ist im Punkt $x_0$ differenzierbar, genau dann wenn gilt:**

   ☐ Wenn eine Folge $(h_n)$ gegen 0 konvergiert, dann konvergiert die Folge $\left(\frac{f(x+h_n)-f(x)}{h_n}\right)$.

   ☐ Für alle Folgen $(h_n)$, die gegen 0 konvergieren, konvergieren die Folgen $\left(\frac{f(x+h_n)-f(x)}{h_n}\right)$ gegen den gleichen Grenzwert.

   ☐ Wenn eine Folge $\left(\frac{f(x+h_n)-f(x)}{h_n}\right)$ konvergiert, dann konvergiert die Folge $(h_n)$ gegen 0.

   ☐ Jede Folge $\left(\frac{f(x+h_n)-f(x)}{h_n}\right)$ von Differenzquotienten konvergiert.

2. **Wir nennen eine Funktion *differenzierbar*, falls sie in jedem Punkt differenzierbar ist. Seien f und g differenzierbare Funktionen von R nach R. Machen Sie sich klar, dass dann auch die folgenden Funktionen differenzierbar sind:**

   $f + g$

   $3f$

   $7f - 2g$

   $fg$

   $3f + 7f - 10fg$

   **Wie lauten die jeweiligen Ableitungen?**

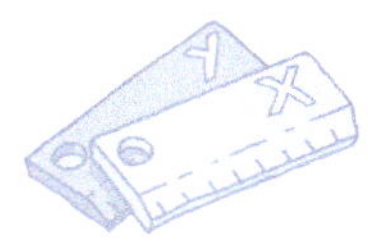

# 12.6 Ableitung eines Polynoms

Eine Konstante hat die Ableitung 0 (denn die Steigung einer waagerechten Geraden ist Null). Deshalb fallen konstante Summanden bei einer Ableitung weg.

Das Polynom, das auf der linken Seite steht, soll abgeleitet werden.

$$(a_n x^n + a_{n-1} x^{n-1} + \dots + a_2 x^2 + a_1 x + a_0)'$$
$$= n \cdot a_n x^{n-1} + (n-1) \cdot a_{n-1} x^{n-2} + \dots + 2a_2 x + a_1$$

Man kann die Summanden einzeln ableiten. Das wird durch die „Additivität“ der Ableitung ausgedrückt: $(f + g)' = f' + g'$.

Dies ist die Ableitung von $a_n x^n$. Dies zeigt man durch Induktion nach $n$. Die Ableitung des Polynoms $x$ ist 1 (Steigung der Geraden $y = x$).
Die Ableitung von $x^2$ erhält man zum Beispiel mit Hilfe der Produktregel: $(x^2)' = (x \cdot x)' = x' \cdot x + x \cdot x' = 1 \cdot x + x \cdot 1 = 2x$. Allgemein zeigt man so $(x^n)' = n \cdot x^{n-1}$.

## Aufgaben, Tests, Herausforderungen

1. **Zeigen Sie mit Induktion nach n, dass $(x^n)' = n \cdot x^{n-1}$ gilt ($n \in \mathbb{N}, n \geq 1$).**

2. **Richtig oder falsch?**

- ☐ Die Ableitung eines Polynoms ist ein Polynom.
- ☐ Die Ableitung eines Polynoms ist nie das Nullpolynom.
- ☐ Die Ableitung eines reellen Polynoms vom Grad n ist ein reelles Polynom vom Grad n–1.
- ☐ Ein Polynom vom Grad n kann man höchstens n mal ableiten.
- ☐ Ein Polynom vom Grad n kann man höchstens n+1 mal ableiten.
- ☐ Für jedes Polynom f kann man ein Polynom F finden mit $F' = f$.

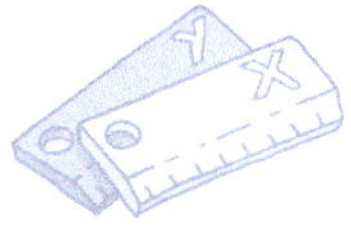

# 12.7 Produktregel

Produkt der Funktionen f und g. Das ist diejenige Funktion, die definiert ist durch $fg(x) := f(x)g(x)$ für alle x.

Dies ist eine auf den ersten Blick unerwartete rechte Seite. Allerdings sagt der Ausdruck auf der rechten Seite – unabhängig von seiner konkreten Gestalt – zweierlei:
Erstens: Wenn f und g differenzierbar sind, dann ist auch fg differenzierbar.
Zweitens: Man kann die Ableitung von fg bestimmen, wenn man f und g, sowie f' und g' kennt.

Ableitung des Produkts fg der Funktionen f und g

$$(fg)' = f'g + fg'.$$

Der Beweis besteht darin, dass man den Differenzenquotienten von fg an einer Stelle x bestimmt.

$$\frac{fg(x+h)-fg(x)}{h} = \frac{f(x+h)g(x+h)-f(x)g(x)}{h}$$

Nun kommt ein entscheidender Trick: Wenn man auf den Differenzenquotienten von f hinaus möchte, braucht man im Zähler den Ausdruck $f(x+h) - f(x)$. Auch $f(x+h)g(x+h) - f(x)g(x+h)$ wäre gut, denn dann könnte man $g(x+h)$ ausklammern. Also ziehen wir den Summanden, den wir brauchen ab und fügen ihn, damit die Gleichung gültig bleibt, gleich wieder hinzu.

$$\ldots = \frac{f(x+h)g(x+h)-f(x)g(x+h)+f(x)g(x+h)-f(x)g(x)}{h}$$

Nun passiert ein kleines Wunder: Aus den beiden letzten Summanden kann man $f(x)$ ausklammern und erhält den entsprechenden Term für die Ableitung von g:

$$\ldots = \frac{f(x+h)-f(x)}{h}g(x+h)+f(x)\frac{g(x+h)-g(x)}{h}$$

Nun lassen wir h gegen Null gehen. Dabei werden die beiden Brüche zu den Differentialquotienten von f beziehungsweise g. Sie konvergieren also gegen $f'(x)$ beziehungsweise $g'(x)$. Der Faktor $g(x+h)$ konvergiert für $h \to 0$ gegen $g(x)$, da g stetig ist. Also konvergiert der gesamte Term gegen $f'(x)g(x) + f(x)g'(x) = [f'g + fg'](x)$.

## Aufgaben, Tests, Herausforderungen

1. **Zeigen Sie mit ähnlichen Argumenten wie bei der Produktregel folgenden Satz: Sei $g$ eine differenzierbare Funktion mit $g(x) \neq 0$ für alle $x$. Dann gilt**

$$\left(\frac{1}{g}\right)' = \frac{-g'}{g^2}.$$

2. **Zeigen Sie die Quotientenregel: Seien $f$ und $g$ differenzierbare Funktionen mit $g(x) \neq 0$ für alle $x$. Dann gilt**

$$\left(\frac{f}{g}\right)' = \frac{f'g - fg'}{g^2}.$$

*Hinweis:* Benutzen Sie Aufgabe 1 und die Produktregel.

3. **Die meisten Funktionen, die man durch einen Term beschreiben kann, sind differenzierbar. Achtung ist aber immer dann geboten, wenn die Variable im Nenner auftaucht. Welche der folgenden Funktionen $f$ von $\mathbf{R}$ nach $\mathbf{R}$ sind differenzierbar? In welchen Punkten? Wie lauten die Ableitungen?**

$f(x) = x+1$

$f(x) = x^2 + 1$

$f(x) = 1/x$

$f(x) = (x^2 + 1)/(x+1)$

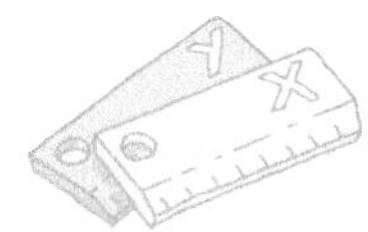

# 12.8 Mittelwertsatz

- **Eine differenzierbare Funktion nimmt jede mögliche Steigung an.**
  Diesen Satz versteht man nur, wenn man schon genau weiß, was er bedeutet.

- **Wenn eine Funktion differenzierbar ist, nimmt sie irgendwo die Steigung jeder Sekanten an.**
  Die „möglichen Steigungen“ sind die Steigungen der Sekanten, also der Geraden, die zwei Punkte $(a, f(a))$ und $(b, f(b))$ des Graphen der differenzierbaren Funktion $f$ verbinden.

- **Sei $f$ eine differenzierbare Funktion, und sei $m$ die Steigung einer Sekante. Dann gibt es einen Punkt des Graphen, an dem die Funktion die Steigung $m$ hat.**
  Das sind schon wesentliche Inhalte des Mittelwertsatzes. Man kann aber noch präziser sagen, wo der Punkt liegt.

- **Sei $f$ eine differenzierbare Funktion, und sei $m$ die Steigung der Sekante zwischen $(a, f(a))$ und $(b, f(b))$ mit $a < b$. Dann existiert eine Zahl $c$ zwischen $a$ und $b$ mit $f'(c) = m$.**
  Jetzt sind Voraussetzung und Behauptung präzise formuliert. Man kann $m$ natürlich auch als $m = \frac{f(b)-f(a)}{b-a}$ beschreiben. Diesen Ausdruck nennt man auch Mittelwert. Daher der Name des Satzes.

## Aufgaben, Tests, Herausforderungen

**1. Richtig oder falsch? Sei $f$ eine differenzierbare Funktion von $\mathbb{R}$ nach $\mathbb{R}$, und seien $a, b$ reelle Zahlen mit $a < b$.**

- ☐ $f(a) = f(b) \Rightarrow$ der Graph von $f$ hat eine waagerechte Tangente.
- ☐ der Graph von $f$ hat eine waagerechte Tangente $\Rightarrow f(a) = f(b)$.
- ☐ $f(b) = 2 \cdot f(a) \Rightarrow$ der Graph von $f$ hat eine Tangente mit Steigung 2.
- ☐ $f(a) < f(b) \Rightarrow$ der Graph von $f$ hat eine Tangente mit positiver Steigung.

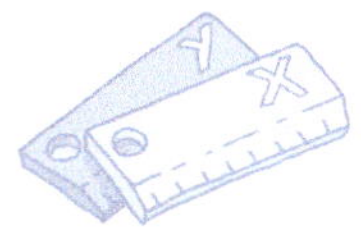

# 12.9 Konvergenz von Funktionen

Wir betrachten eine Folge von Funktionen $f_1, f_2, f_3, \ldots$

Für den Grenzwert $\lim(f_n(x))$ schreibt man auch einfach $f(x)$. Dadurch wird eine Funktion $f$, die *Grenzfunktion* definiert.

**$(f_n)$ konvergiert $:\Leftrightarrow$ für jedes $x$ gilt:**
**Die Reihe $(f_n(x))$ konvergiert.**

Das bedeutet $\forall \varepsilon > 0 \; \exists N \in \mathbf{N}$ mit $|f_n(x) - f(x)| < \varepsilon$ für alle $n \geq N$.

Man spricht davon, dass die Funktionenfolge $(f_n)$ *punktweise* (das heißt, für jedes x) konvergiert.
Ein stärkerer Konvergenzbegriff ist der der *gleichmäßigen* Konvergenz: Eine Folge $(f_n)$ von Funktionen konvergiert gleichmäßig, falls gilt: $\forall \varepsilon > 0 \; \exists N \in \mathbf{N}$ mit $|f_n(x) - f(x)| < \varepsilon$ für alle $n \geq N$ und alle $x$.
Das bedeutet, dass das $N$ unabhängig von der Auswahl des Punkts $x$ ist.

## Aufgaben, Tests, Herausforderungen

1. **Bestimmen Sie die Grenzfunktion folgender Funktionenfolgen ($f_n$) im Intervall [0, 1]. Welche dieser Funktionenfolgen konvergiert gleichmäßig?**

   - ☐ $f_n = x^n$
   - ☐ $f_n = x^n/n$
   - ☐ $f_n = x^n/n!$

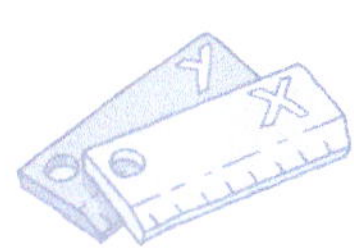

# 12.10 Potenzreihen

- **Eine Potenzreihe ist ein Polynom, dessen Grad unendlich ist.**
  Kann man als erste Vorstellung gelten lassen – obwohl jedes Polynom einen endlichen Grad hat und es also kein Polynom mit unendlichem Grad gibt.

- **Eine Potenzreihe ist ein Ausdruck der Form $a_0 + a_1x + a_2x^2 + a_3x^3 + \dots$**
  Das ist schon viel besser. Wichtig sind die drei Pünktchen, die andeuten, dass das immer so weiter geht.

- **Eine Potenzreihe ist ein Ausdruck der Form $\sum_{n=0}^{\infty} a_n x^n$, wobei die „Koeffizienten" $a_n$ reelle Zahlen sind.**
  Diese Form ist deswegen noch besser, weil man alle Koeffizienten angeben kann und man nicht wie bei den drei Pünktchen raten muss, wie die Koeffizienten weiter gehen.

- **Eine Potenzreihe ist ein Ausdruck der Form $\sum_{n=0}^{\infty} a_n (x - x_0)^n$, wobei die Koeffizienten $a_n$ reelle Zahlen sind und die Zahl $x_0$ der *Entwicklungspunkt* genannt wird.**
  In der obigen Darstellung war $x_0 = 0$. Eine Potenzreihe ist zunächst ein formales Konstrukt, das durch den Entwicklungspunkt $x_0$ und die Folge $(a_0, a_1, a_2, \dots)$ der Koeffizienten definiert ist. Welcher Wert sich beim Einsetzen einer Zahl an Stelle von $x$ ergibt – und ob sich dabei überhaupt eine Zahl ergibt –, ist die Frage nach der Konvergenz einer Potenzreihe.

## Aufgaben, Tests, Herausforderungen

1. **Definieren Sie die Summe von Potenzreihen (mit gleichem Entwicklungspunkt). Ergibt dies wieder eine Potenzreihe? Bilden die Potenzreihen mit festem Entwicklungspunkt zusammen mit dieser Addition eine Gruppe?**

2. **Definieren Sie das Produkt einer reellen Zahl mit einer Potenzreihe. Ergibt sich wieder eine Potenzreihe?**

3. **Bilden die Potenzreihen mit gleichem Entwicklungspunkt einen Vektorraum?**

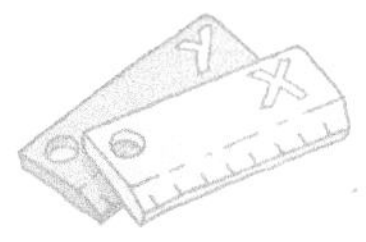

# 12.11 Konvergenz von Potenzreihen

Koeffizienten der Potenzreihe. Damit die Potenzreihe konvergiert, müssen diese keine Nullfolge bilden. Zum Beispiel sind die Potenzreihen mit $a_n = 1$ für alle $n$ bzw. $a_n = n$ Potenzreihen mit Konvergenzradius 1.

Die Variable. Für jedes feste $x$ wird aus der Potenzreihe eine „normale Reihe“ aus reellen Zahlen. Die Frage ist, für welche $x$ diese Reihe konvergiert. Natürlich für $x = x_0$; der Wert an dieser Stelle ist $a_0$. Ferner gilt: Wenn die Potenzreihe für ein $x$ konvergiert, dann auch für jedes $x'$, das „näher an $x_0$“ liegt, das heißt, für das gilt $|x' - x_0| < |x - x_0|$.
(Beweis: Majorantenkriterium)

$$\sum_{n=0}^{\infty} a_n (x - x_0)^n$$

Für den Konvergenzradius r einer Potenzreihe gilt: Sie konvergiert für jedes $x$ mit $|x - x_0| < r$, sie divergiert für jedes $x$ mit $|x - x_0| > r$. Und für den Fall $|x - x_0| = r$ kann man keine allgemeingültige Aussage machen. In diesem Fall hängt Konvergenz von der konkreten Potenzreihe ab.

Aufgrund dieser Eigenschaft kann man den *Konvergenzradius* definieren. Die Menge aller Zahlen $x$, für die die Potenzreihe konvergiert, bildet ein Intervall. Dieses kann offen, halboffen oder abgeschlossen sein. Die Größe dieses Intervalls kann man wie folgt bestimmen: Wir betrachten alle reellen Zahlen $d$, so dass die Potenzreihe für jedes $x'$, das den Abstand $d$ von $x_0$ hat, konvergiert. Wenn die Menge dieser Zahlen beschränkt ist, sei $r$ ihr Supremum. Wenn die Menge unbeschränkt ist, setzt man $r := \infty$. Man nennt $r$ den Konvergenzradius der Potenzreihe.

## Aufgaben, Tests, Herausforderungen

1. **Zeigen Sie, dass die Potenzreihe $\sum_{n=0}^{\infty} a_n(x - x_0)^n$ an der Stelle $x = x_0$ konvergiert und dort den Wert $a_0$ hat.**

2. **Welches sind die Koeffizienten der Potenzreihe $\sum_{n=0}^{\infty} x^n$ ? Bestimmen Sie ihren Konvergenzradius. Wie heißt diese Reihe?**

3. **Welches sind die Koeffizienten der Reihe $\sum_{n=0}^{\infty} \frac{x^n}{n}$? Untersuchen Sie die Frage der Konvergenz in den Fällen $x = 1$ und $x = -1$. Können Sie daraus den Konvergenzradius bestimmen?**

4. **Richtig oder falsch? Der Konvergenzradius ist**

   - ☐ ein Intervall,
   - ☐ eine Zahl,
   - ☐ eine Potenzreihe,
   - ☐ eine Zahl, für die die Potenzreihe konvergiert.

# 12.12 Der Satz von Taylor

Man möchte eine potentiell sehr komplizierte Funktion f durch eine einfache Funktion, nämlich ein Polynom darstellen – jedenfalls in einer Umgebung von a. Die Voraussetzung an f ist, dass diese Funktion an der Stelle a hinreichend oft differenzierbar ist (so, dass alle Ausdrücke auf der rechten Seite existieren).

Die allermeisten Funktionen sind kein Polynom, also kann f nicht gleich dem Taylorpolynom sein. Man braucht einen Korrekturterm; dieser wird durch das so genannte *Restglied* R dargestellt. Bei jeder konkreten Anwendung muss man zeigen, dass R (mit zunehmendem n) gegen Null konvergiert.

Hier steht, dass der Ausdruck auf der rechten Seite an der Stelle a (also wenn man x = a setzt) den Wert f(a) hat.

$$f(x) = f(a) + f'(a)\cdot(x-a) + \frac{f''(a)\cdot(x-a)^2}{2} + \ldots + \frac{f^{(n)}(a)\cdot(x-a)^n}{n!} + R$$

Dieser Summand garantiert, dass der Graph der Funktion der rechten Seite im Punkt a die Steigung f'(a) hat, also die gleiche Steigung wie f.

Die Approximation wird immer besser. Die rechte Seite kann entweder bei einem n abbrechen; dann spricht man von einem *Taylorpolynom* oder sie geht immer weiter; dann spricht man von der *Taylorreihe*.

x ist variabel. Man kann f in einer Umgebung von a (also für unendlich viele Werte) bestimmen, wenn man die Funktion nur an der Stelle a gut kennt!

Der Graph der Funktion der rechten Seite schmiegt sich immer mehr dem Graph von f an. Dieser Ausdruck sagt, dass im Punkt a auch die zweiten Ableitungen der Funktionen auf der linken und rechten Seite übereinstimmen.

## Aufgaben, Tests, Herausforderungen

1. **Zeigen Sie: Die Gerade durch den Punkt $(x_0, y_0)$ mit der Steigung $m$ hat die Gleichung $y = y_0 + m(x - x_0)$.**

2. **Zeigen Sie: Das Polynom zweiten Grades, das durch den Punkt $(x_0, y_0)$ geht und an der Stelle $x_0$ die Steigung $m_1$ und die zweite Ableitung $m_2$ hat, hat die Gleichung**

   $$y = y_0 + m_1(x - x_0) + \frac{m_2 \cdot (x - x_0)^2}{2}.$$

3. **Berechnen Sie die Taylorpolynome für die Funktionen f, die folgendermaßen definiert sind:**

   $f(x) = x^2$

   $f(x) = x^3$

   $f(x) = x^2 + 1$

   $f(x) = x^2 + x + 1$

   jeweils in den Entwicklungspunkten 0 und 1.

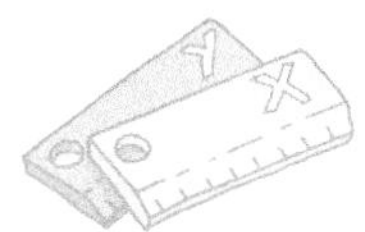

# 12.13 Exponentialreihe

Da die Exponentialreihe für jede reelle Zahl x konvergiert, ist die Abbildung

$$x \mapsto \sum_{n=0}^{\infty} \frac{x^n}{n!} \quad \text{für alle } x \in \mathbf{R} \text{ definiert.}$$

Man bezeichnet diese Funktion als Exponentialfunktion und schreibt exp(x) oder $e^x$ für das Bild der Zahl x.

Die Exponentialreihe konvergiert für jede reelle Zahl x. Das heißt: Der Konvergenzradius der Exponentialreihe ist $\infty$.

$$\exp(x) = \sum_{n=0}^{\infty} \frac{x^n}{n!}$$

Die Koeffizienten der Exponentialreihe sind die Zahlen 1/n!, also 1, 1, $\frac{1}{2}, \frac{1}{6}, \frac{1}{24}$ und so weiter.

## Aufgaben, Tests, Herausforderungen

1. **Schreiben Sie die ersten Glieder der Exponentialreihe explizit auf.**

2. **Zeigen Sie, dass die Ableitung der Exponentialreihe wieder die Exponentialreihe ist. (Verwenden Sie dazu die Tatsache, dass man eine Potentialreihe gliedweise ableiten darf.)**

3. **Die Zahl e ist definiert durch $e = \exp(1) = \sum_{n=0}^{\infty} \frac{1}{n!}$. Zeigen Sie, dass $\exp(2) = e^2$ ist.**

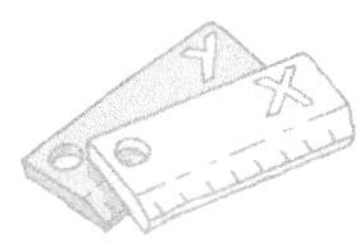

# 12.14 Integral

- Das Integral ist die Fläche unter einer Kurve.
  Eine ganz grobe Vorstellung. Insbesondere ist das Integral keine Fläche, sondern der Flächeninhalt, also eine Zahl.
- Das Integral ist der Inhalt der Fläche zwischen Kurve und x-Achse.
  Das ist in der Hinsicht besser, als dass es sich nicht um die Fläche „unter der Kurve" handelt: Wenn die Kurve unterhalb der x-Achse verläuft ist das Integral negativ.
- Was heißt „Flächeninhalt"? Eigentlich kann man nur Flächeninhalte von geradlinig begrenzten Figuren berechnen. Am einfachsten von Rechtecken. Meistens kann man aber die Fläche nicht durch Rechtecke darstellen, sondern nur abschätzen. Ein Rechteck, dessen Höhe unterhalb der Kurve bleibt, hat bestimmt einen kleineren Flächeninhalt als „die Fläche zwischen der Kurve und der x-Achse", und ein Rechteck, dessen obere Kante über der Kurve liegt, hat einen größeren Flächeninhalt.
  Das ist die erste grundlegende Idee: Wir schließen die Kurve in Rechtecke ein und berechnen deren Fläche.
- Mit einem einzigen Rechteck erhält man im Allgemeinen nur eine schlechte Approximation. Man kann aber das Intervall in mehrere Intervalle unterteilen und mit jedem Teilintervall entsprechende Rechtecke bilden. Damit erhält man „Treppenfunktionen", die ganz unterhalb beziehungsweise ganz oberhalb der Kurve liegen.
  Zweite Idee („je mehr, desto besser"): Man bekommt bessere untere und obere Grenzen, wenn man viele Rechtecke mit kleinerer Grundseite verwendet. Das Integral – falls es existiert! – liegt sicher zwischen jeder „Untersumme" und jeder „Obersumme".
- Die „Untersummen" (das sind die Flächeninhalte der Treppenfunktionen, die unterhab der Kurve liegen) bilden eine Menge von reellen Zahlen, die nach oben beschränkt ist (z.B. durch den Flächeninhalt einer Obersumme). Also hat diese Menge ein Supremum. Auch dieses Supremum ist kleiner oder gleich dem potentiellen Integral. Entsprechend betrachtet man das Infimum aller „Obersummen". Dieses ist größer oder gleich einem möglicherweise existierenden Integral.
  Es ist allerdings nicht so, dass die Untersummen gegen das Integral konvergieren, und die Obersummen auch nicht. Denn dann müsste dass Supremum der Untersummen gleich dem Infimum der Obersummen sein (nämlich beide gleich dem Integral). Es gibt aber Funktionen, bei denen das nicht der Fall ist.
- Wenn nun das Supremum der Untersummen gleich dem Infimum der Obersummen ist, dann sagen wir, dass das Integral existiert; sein Wert (also der Inhalt der „Fläche zwischen Kurve und x-Achse") ist dann dieser gemeinsame Wert (Supremum der Untersummen = Infimum der Obersummen).
  Das ist die dritte Idee, die man braucht, um ein Integral tatsächlich definieren zu können.

## Aufgaben, Tests, Herausforderungen

1. Machen Sie sich Zeichnungen zu den Erläuterungen der vorigen Seite: Zeichnen Sie den Graph einer Funktion in einem Intervall und das größte Rechteck, das „darunter" passt und das kleinste, das „darüber" passt.

   Wir berechnen das Integral der Funktion $f(x) = x$ und zwar zwischen 0 und einem Punkt $t$.

   Da die Gerade mit der Gleichung $f(x) = x$ mit der x-Achse einen Winkel von 45° bildet, ist die gesuchte die Fläche die Hälfte eines Quadrats mit der Seitenlänge $t$. Der Flächeninhalt beträgt also $t^2/2$. Das müsste sich auch als Wert des Integrals ergeben.

2. Wir unterteilen das Intervall zwischen $0$ und $t$ auf der x-Achse in $n$ gleichgroße Abschnitte. Jeder kleine Abschnitt hat also die Länge $h = t/n$.

   Um die Untersumme zu bestimmen, kann man die Fläche unter der Geraden in kleine Quadrate der Seitenlänge $h$ aufteilen: Über dem zweiten Abschnitt liegt ein solches Quadrat, über dem nächsten zwei, dann drei und so weiter.

   a) Fertigen Sie eine Zeichnung dazu an.

   b) Wie viele solche Quadrate der Seitenlänge $h$ liegen unter der Geraden? Welchen Flächeninhalt haben diese insgesamt?

   c) Bestimmen Sie die Anzahl der Quadrate der Seitenlänge $h$, die für die Obersumme benötigt werden. Welchen Flächeninhalt haben diese insgesamt?

3. Drücken Sie die Flächeninhalte der Unter- und der Obersummen als Funktion von $t$ und $h$ aus.

4. Bestimmen Sie den Grenzwert der Unter- und Obersummen für $h \to 0$.

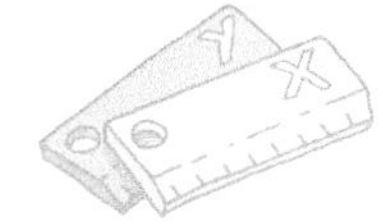